精准扶贫林果科技明白纸系列丛书

桃、李、杏

林果科技明白纸系列丛书编委会　编

U0207387

读者出版传媒股份有限公司
甘肃科学技术出版社

图书在版编目（CIP）数据

桃、李、杏 / 林果科技明白纸系列丛书编委会编
. -- 兰州 ：甘肃科学技术出版社，2018.4
ISBN 978-7-5424-2569-0

Ⅰ．①桃… Ⅱ．①林… Ⅲ．①桃－果树园艺②李－果
树园艺③杏－果树园艺 Ⅳ．①S662

中国版本图书馆CIP数据核字（2018）第045429号

桃、李、杏
林果科技明白纸系列丛书编委会 编

出 版 人 马建东
责任编辑 韩 波（0931-8774536）
封面设计 魏士杰

出 版 甘肃科学技术出版社
社 址 兰州市读者大道568号 730030
网 址 www.gskejipress.com
电 话 0931-8774536 （编辑部） 0931-8773237 （发行部）
京东官方旗舰店 https://mall.jd.com/index-655807.html

发 行 甘肃科学技术出版社 印 刷 甘肃新华印刷厂
开 本 889mm×1194mm 1/16 印 张 10 字 数 150千
版 次 2018年10月第1版 2018年10月第1次印刷
印 数 1~2 0000
书 号 ISBN 978-7-5424-2569-0
定 价 28.00元

《精准扶贫林果科技明白纸系列丛书》

编　委　会

前　言

为贯彻习近平总书记"着力加强生态环境保护，提高生态文明水平"和"绿水青山，就是金山银山"重要指示要求，结合退耕还林、防护林建设、天然林保护、特色林果产业、自然保护区等重点工程，将做好特色林果产业，确定为生态扶贫、精准扶贫的重点工作。做好特色林果产业发展，不仅可以带动贫困群众增收，更是保护生态的有效抓手。大力整合资源、集中力量、持续推进，极大地调动了农村贫困人口的脱贫积极性，有效提升了贫困群众的脱贫能力，提高了群众的生活质量，改善了人居生态环境。

为进一步满足特色林果产业扶贫的需要，加大特色林果产业扶贫的力度，宣传特色林果品牌，推广先进实用生产技术，我们组织二十多位林果生产一线专家和技术人员，按照指导实践、通俗易懂的原则，从林果产业发展实际出发，紧紧围绕优势林果产业和特色产品，以关键技术和先进实用技术为重点，以通俗易懂的语言，图文并茂的编排和明白纸的形式，编写了一套《精准扶贫林果科技明白纸系列丛书》5册，并邀请科研院所和基层生产一线的林果专家进行了审定。

真诚希望《精准扶贫林果科技明白纸系列丛书》能够为精准扶贫、生态脱贫和特色林果产业的发展提供智力支持，能够为帮助广大果农提升生产水平和脱贫能力，早日实现脱贫致富发挥作用。希望广大林业科技工作者，继续积极推广和普及林果科技先进实用技术，真正让特色林果产业成为精准扶贫工作的抓手和生态保护的利器。

编　者

2018 年 1 月

目　录

桃

李

杏

桃优良品种介绍

 1.陇蜜12号

甘肃省农科院林果花卉研究所通过杂交选育而成。

品种特征特性：早熟普通桃品种，果实发育期70天，生育期220天。树势较强，树姿开张。花蔷薇形，有花粉。果实近圆形，果实大，平均单果重126克，最大果重186克；果顶平，缝合线浅，梗洼中深；果皮底色绿白，果面全红或90%以上着鲜红色条纹或晕，果肉乳白色，肉质为硬肉，汁液多，纤维少，风味浓甜,可溶性固形物含量13.0%，粘核，耐贮运，兰州安宁区果实6月下旬成熟。

陇蜜12号

 2.陇蜜11号

甘肃省农科院林果花卉研究所通过杂交选育而成。

品种特征特性：早熟普通桃品种，果实发育期89天，全年生育期220天左右。树势较强，树姿半开张；花蔷薇形，粉红色；有花粉；雌蕊与雄蕊等高或略高。果实近圆形，果个大，平均单果重219克，最大果重245克；果面全红，着鲜红色晕；硬溶质，纤维少，汁液多，风味甜，可溶性固形物13％，粘核，耐贮运。兰州市安宁区果实7月中旬成熟。

陇蜜11号

3. 陇蜜9号

甘肃省农科院林果花卉研究所通过杂交选育而成。

特征特性：中熟普通桃品种。树势较强，树姿开张，生长健壮；一年生枝阳面红色，节间长3.0厘米；叶为长椭圆披针形，蜜腺肾形，2~3个；花蔷薇形，浅粉红色，花粉量大，萼筒内壁橙黄色，雌蕊高于雄蕊。萌芽力和成枝力强，自然坐果率高，生理落果和采前落果均轻。果实近圆形，果顶平，平均单果重210.6克，最大单果重330克。果面大部着玫瑰红色，茸毛短而稀，外观美丽。果肉乳白色，硬溶质，纤维少，风味浓甜，香味浓，可溶性固形物含量12.2%，粘核，耐贮运，品质优。果实在兰州地区8月中旬成熟。果实发育期115天，全年生育期225天左右。

 4. 陇油桃1号

甘肃省农科院林果花卉研究所选育。

品种特征特性：陇油桃1号属早熟油桃品种。幼树生长势较旺，结果后树势转为中庸花，蔷薇形，浅粉红色，花粉量大，雌蕊高于雄蕊。萌芽力和成枝力强，易成花，丰产。果近圆形，平均单果重161克，最大单果重254克；果形端正，成熟后着玫瑰红色晕，全红，外观光洁艳丽；果肉乳白色，汁多，味浓甜，可溶性固形物含量13.5%以上，半离核，耐贮运；裂果极轻或不裂果。兰州安宁区7月中旬成熟，发育期90天，全年生育期225天。

陇蜜9号

陇油桃1号

5. 陇蟠1号

甘肃省农科院林果花卉研究所选育。

品种特征特性：中熟蟠桃品种。树势较强，树姿开张，生长健壮；一年生枝阳面红色，背面绿色，皮孔小而多，节间长2.8厘米；叶为长椭圆披针形，蜜腺肾形，2~3个；花蔷薇形，浅粉红色，萼筒内壁黄绿色，花粉量大，雌蕊低于雄蕊，花药橘红色；萌芽力和成枝力强，易成花，花芽起始节位2~3节，自然坐果率高，采前不落果。果实扁平，平均单果重172克，最大果重262克，果面全红色，条纹，果肉白色，硬溶质，风味浓郁，酸甜适中，离核，汁液中多，可溶性固形物13.2%，

品质优。兰州市安宁区8月中旬成熟，果实发育期115天，全年生育期225天。

 6. 白凤桃

日本品种，20世纪70年代引入中国。

品种特征特性：树体健壮，生长势旺，适应性和抗逆性强。早果丰产。白凤桃果实近圆形，果顶圆平；单果重180~250克，平均单果重235克；梗洼中深，缝合线浅而明显，成熟时果面黄白色，阳面着鲜红色晕，果皮薄，易剥离；果肉乳白色，近核处有少量红色；果肉质柔软多汁，风味浓甜，有香味，粘核，鲜食品质优。

陇蟠1号

白凤桃

桃树对生态条件的要求

1.温度

桃树对温度的适应范围较广，一般冬季能耐-20℃左右的低温，当温度降为-23℃~-25℃时，易发生冻害，但桃树都有一定的需冷量，在0℃~7.2℃的温度达到500~1000小时，才能通过自然休眠。11月至第二年的1月，气温稳定到0.6℃~4.5℃最好。北方品种群适宜栽培区平均气温为8℃~14℃，4~6月平均气温为19℃~22℃，花期气温为15℃~20℃，授粉要求气温在20℃~15℃。

各器官抗晚霜能力是不同的，花蕾期受冻温度为-1.7℃，花期为-1℃~-2℃，幼果为-1.1℃。在采前，温度在25℃~35℃，日温差大于10℃，气候干燥，果实品质好。

新梢生长最适宜的温度为25℃，冬季气温下降到-18℃时，则一年生枝条会受冻，桃枝叶生长适宜温度为18℃~23℃，在高温多雨季节，生长不停，养分消耗多，积累少，开花势弱，结果不多。

2.水分

桃树喜干旱、怕水涝，当土壤田间最大持水量为20%~40%时能正常生长，达到60%~80%时，最适宜，当降至15%~20%时，叶片开始凋萎；当低于15%时，旱情严重。

在北方桃区，若花期多遇干旱，则花质量差、坐果少，若新梢生长期干旱，新梢短，落果多；若桃果成熟期干旱，则果小质差。所以这三个时期不能缺水，但灌水又不能过多，严禁大水漫灌，以中水、小水较好，让水渗入到地下20~40厘米深就可以了。

3.光照

桃是喜光树种，在缺光严重时，枝条细不充实，而且死枝严重，发不出强壮新梢，花芽瘦小，或有花无果，或果小质差，结果部位迅速位移，产量下降。

一般年日照1200~1800小时的地区，可以满足桃树生长发育的需要，在日照率高于65%~80%的地区，裸露的枝干容易发生日烧，应选留背上中小枝组遮阴。套袋果摘袋后，特别是一次性去袋，常造成部分的果实果面日灼伤。因此，在北方地区套袋桃果，一般用两次摘袋法来减少这种伤害。

 4. 土壤

桃可在多种类型的土壤中生长，但最喜欢排水通畅，土层厚的砂壤土。黏重土中栽植桃树，易患流胶病、停止生长晚、枝条不充实、易受冻。瘠薄地的桃树寿命短，桃小质差；滩地桃园，桃树营养不良，果早熟且易患炭疽病和枝枯病。

桃树不耐盐，要求土壤含盐量在0.28%以下，土壤含盐量在0.08%~0.1%时，生长正常，当含盐量达到0.2%时，出现叶片黄化、枯枝、落叶和死树现象。当土壤含盐量在0.13%时桃树还能正常生长，超过0.28%时桃树开始死亡。

桃是浅根性、需氧量大的树种。土壤含氧量达到10%，根系生长正常，达到5%时，根系生长变弱，达到2%时，细根死亡。

 5. 酸碱度

桃树对土壤酸碱度（pH）的适应范围为5.0~8.2。当土壤pH值高于8：2时，因缺铁，易发生叶片黄叶病，排水不良时，叶片黄化会发生的更严重一些。

桃苗的嫁接技术

嫁接是桃树苗木繁育的必要手段，桃树嫁接一般在春季砧木萌芽期或8月份生长缓慢期进行。常用的嫁接方法有"T"形芽接和嵌芽接。在8月砧木树皮与木质部离皮时宜采用"T"形芽接，嵌芽接在春季和生长季节均可采用。桃树苗木繁育常采用嵌芽接技术。嫁接最好从健壮、丰产、无病虫害的中年果树树冠外围部位，选取叶芽饱满的当年发育枝。嫁接时先在接穗的芽上方0.8~1.0厘米处向下斜切一刀，长约3厘米，再在芽下方0.5~0.8厘米处，成30°角斜切到第一切口底部，取下带木质部芽片，芽片长约2~3厘米，按照芽片大小，相应地在砧木上由上而下切一切口，长度应比芽片略长。将芽片插入砧木切口中，注意芽片上端必须露出一线砧木皮层，以利愈合，然后用塑料条先从接口上边绑起，逐渐往下缠，叶芽和叶柄要留在外边，将接芽上下端和砧木包紧包严实。

嫁接示意图

嫁接技术

桃树嵌芽接

桃树嵌芽接操作步骤

桃园选址

建园是桃树栽培的一项基础工程。桃树是多年生木本植物，一旦定植以后，往往有十几年甚至二十几年的经济寿命，要在同一立地条件下生长多年，因此，建立一个新果园或改建一个老果园都需强调"质量第一"，才能取得最大限度的经济效益、生态效益和社会效益。

特别是要建立符合无公害果园环境质量标准的生态型桃园，首先要选择一个适合的园址，园址选择应达到以下几条原则：①生态适宜。桃树属于温带落叶果树，要在桃树种植的生态适宜纬度、海拔高度地带建园。在中国，桃树种植生态适宜带为北纬25°~45°之间，冬季最低温度不低于零下25℃，平均温度低于7.2℃的天数不低于1个月。②环境质量合格。应选择土壤、灌溉水、空气干净无污染的地方建园，园区内土壤、灌溉水、空气中含有的重金属、氟化物、空气灰尘等物质各项指标应符合国家规定的无公害生产质量要求。③地势适合。要选择在平地、丘陵、或坡度小于20°并距山脚100米以上的山坡阳面建园；山谷、沟壑、山脚处、山坡阴面冷空气下沉、温度低、光照不足，易产生冻害，抑制桃的生长发育，这些位置不宜选作园址。④土壤条件适宜。桃树根呼吸强、好氧、耐旱忌涝，喜欢土质疏松、深厚、富含有机质、排水畅通的壤土和砂壤土，土层厚度应在1米以上。黏重的土壤栽种桃树会生长不良，易患流胶病、裂果病、颈腐病等；桃树不耐盐碱，含盐量超过0.14%，易引起桃树萎蔫、黄叶、早衰等生理病害，对桃树生长发育有害的重茬地建园也易发生缺素症，导致幼苗生长缓慢，苗木嫁接部位易出现溃烂，桃树成活率低。

桃树栽植技术

 1.品种选择

作为一个商品果园，桃树种植品种必须选用良种，其次品种选择还应考虑果品的营销市场和经济效益，避免盲目大面积引进，造成严重损失；再次可选栽当地桃果供应淡季成熟的优良品种，便于销售，确保所选品种能取得较高的经济效益。桃树的大多数品种可以自花结实，但为提高坐果率、果实抗逆性和品质，应设置一定比例的授粉树，特别是一些品种如华玉、大团蜜露、川中岛等桃品种没有花粉，必须配置授粉树，授粉树比例应占20%左右。此外，为延长果实销售时间，及时供应市场，还应考虑早、中、晚熟品种合理搭配

种植，一般主栽品种的比例应占70%左右。

 2.栽植密度

生产上桃树一般用三主枝开心形和双层五主枝，株距行距一般为3~4米×4~5米，技术管理水平高的果园也可采用主干形、纺锤形和"Y"（二主枝开心形）字形，进行小株距、大行距栽植，便于通风透光和机械化操作，也是当今最先进的栽培模式，株行距可为1~2米×4~6米。栽植方式平地多采取长方形栽植，南北行向，宜于通风透光，山地沿梯田或等高线栽植。

苗木准备

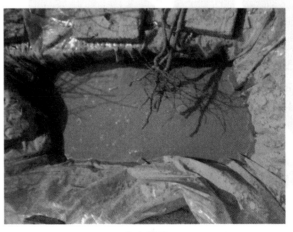

苗木准备

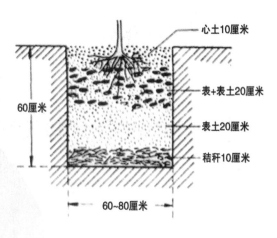

定植沟回填示意图

定植沟回填

 3.苗木准备

在适树适栽的原则下，选定好品种，品种要保证纯正，苗木最好选用达到国家或地区规定一级标准的苗木，基本要求根系发达、枝芽充实饱满，嫁接部位愈合良好，无检疫性病虫害。栽前先用清水浸泡6~12小时，期间要换水2~3次，栽时最好用泥浆或适量浓度ABT生根粉类调节物质蘸根，以提高成活率。

 4.定植时期

桃树苗木定植分秋栽和春栽。一般在秋季落叶后、土壤封冻前或春季土壤解冻后、苗木发芽前进行，此时土壤温度应在5℃~7℃以上。根据经验，甘肃省东部地区则以秋栽较好，秋末土壤温度较高，利于伤口愈合，并有较好墒情，年前根系能得到一定的恢复，次春发芽早、生根快、生长也旺。

挖穴栽植

定植沟沉实

苗木栽植

苗木栽植

 5.挖穴栽植

桃树栽植前按预定的行距、株距测量定植点，一般按长方形栽植方式，平地行向为南北方向，并以定植点为中心，人工或机械挖定植穴或定植沟。没深翻和没施有机肥的土壤园地，一般应挖直径和深度均为0.8~1米定植穴，密植果园可挖栽植沟，沟深和沟宽均为0.8~1米，将挖出的部分土壤与粗大秸秆、杂草混合后回填于定植穴中下部，其他部分土壤和腐熟的土杂肥混合后填于定植穴中上部并踏实，然后灌透水，土壤沉实1~3个月后进行苗木栽植。

 6.苗木栽植

栽植时把坑中的土做成丘状，丘顶离地面20厘米左右，苗木根系应自然伸展放置于土丘上，扶正苗木后，用表土和优质腐熟有机肥等比例混合的土壤填平并踏实，填土时要上提苗木几下，使根系与土壤充分接触，然后做树盘浇透水，次日水渗下后，在树盘覆干土或地膜保墒，若根周土壤松悬，应先踏实再覆土覆膜。如果土层原本深厚、肥沃的园地，栽植时没必要挖大坑，只挖小穴、浅沟栽树即可，穴、沟底部切忌上大下小，造成根系不伸展，影响其生长和吸收功能。

桃树定植后的管理

桃树定植完成，还应加强栽培管理，使其生长健壮，这是建园成功与否的关键，因此定植后桃树幼苗的管理也很重要。

1.定干

桃树定干高度60~80厘米，剪口以下20~30厘米内要有5~10个饱满芽。芽萌发出的新梢，整形带以下抹除，根据树形选好当年的主枝，秋季调整好主枝角度，其余新梢密的疏除，有空间的拉平或扭梢作辅养枝。

2.适时浇水

栽植后，应及时浇水并松土或覆盖保墒，保持土壤湿润。进入8月份以后，要控制灌水，促进枝芽发育、成熟。入冬前应灌足越冬水并中耕保墒，以防抽梢死条。

3.土壤覆盖

春季树盘覆盖1米见方的地膜，地温可提高3℃~5℃，土壤含水量相对提高20%以上，可促进幼苗根系生长，成活率高，发枝量大，树体发育迅速，对加速成形、早果丰产效果显著。进入6月以后膜下温度过高，膜上可覆一层杂草并压上土，浇水条件好的果园，行间可种植绿肥，可促进果树生长、保温防冻。同时，绿肥能大量吸收水分，使土壤保持湿润，

桃树定植

桃树定植

而覆草能有效截留雨水并减少土壤水分蒸发，使土壤保持湿润，特别是生草、覆草能增加土壤有机质，恢复土壤肥力，形成可持续的良性循环，应在果树生产中大力提倡。

 4.追施肥料

在充分施用有机肥的基础上，5月，当新梢长到15~30厘米时，每株应分别追施50克尿素或200克高氮复合肥，以促进枝叶营养生长，较快形成一定数量的叶面积；中期6月或7月份，当叶面积基本达到最大，新梢处于缓慢生长期时，追施磷肥促进叶片营养向根、芽中输送，促进根、芽生长，每株可追磷酸钙或高磷复合肥200克左右，后期8月或9月份追施钾肥，促进桃树体内糖分积累，促进枝、芽器官发育，使其发育充分成熟、饱满。每株可追施硫酸钾50~80克或高钾复合肥200克左右。

 5.防治病虫

幼树初发嫩芽、嫩叶，容易遭受害虫和病原微生物侵害，应及时采取措施，提前进行定期观察，综合防治。对金龟子、象鼻虫等害虫，严重影响发枝，可人工捕捉，对蚜虫、卷叶虫、红蜘蛛、浮尘子等害虫，应及时喷施无公害生产许可的相应杀虫剂防治，保护好叶片，使幼树健壮生长。

桃树夏季修剪技术

桃树的树势旺，极性生长强，其芽有早熟性，一年能发生多次副梢，易导致树冠郁闭。通过夏剪可调节树势，降低树高，改善光照，防止内膛光秃，延长结果寿命，提高产量和品质。桃树的年生长量较大，芽具有很强的早熟性。因此，可通过夏剪加快树冠形成，把徒长枝转化成与骨架相应的结果枝组，促使花芽形成。盛果期的桃树，夏季修剪要进行2~3次。具体措施有：①抹芽。将主杆、主枝、整形带和主枝基部15厘米内的萌芽和同主枝并生、重叠的嫩芽、嫩梢及时抹除。②摘心。5月中下旬对长度在30厘米左右的旺梢摘心；6月下旬对没有停长的旺梢继续摘心；8月下旬剪去主、副梢顶端嫩尖，使枝条发育充实，提高其熟度。③扭梢。扭梢多用于改变徒长枝为结果枝，也能改善树体的光照条件。扭梢部位以距离枝梢基部5~10厘米处为佳，把直立旺枝扭枝180°，使向上生长扭转为平行或向下生长。④短截。短截结合摘心可以提早培养枝组，一般在6月上旬为宜。⑤拉枝。一般在6月份前后进行，这时枝杆较软，容易拉开定形，角度掌握在70°~80°为宜。以掌、拉、吊等方式进行。⑥疏剪。疏枝可改善树冠光照条件，以疏剪竞争枝、纤细枝、下重枝、徒长枝、密生枝为主要对象。一般采用疏密留稀、疏强留壮，使各枝间不重叠，不交叉。

桃树丰产树形

桃树丰产树形

桃树的长枝修剪技术

桃树的长枝修剪技术是相对于传统的以短截为主的桃树冬季修剪技术而言。是一种基本不进行短截、仅采用疏剪、缩剪及长放的冬季修剪技术。桃树长枝修剪具有以下优点：①缓和树体枝梢的营养生长势，容易维持树体的营养生长和生殖生长的平衡，减缓树体尤其是树体上部过旺营养生长。②操作简便，容易掌握。③节省

长枝修剪后的效果

修剪用工，较传统修剪节省用工1倍~3倍，每年减少夏剪1~2次。④改善树冠内光热微气候生态条件，提高树冠内透光量（2倍~2.5倍），提高源叶的净光合效率，显著提高果实品质，着色好（果实着色提前7~10天）、果实可溶性固形物增加（一般增加1%~1.5%）、中晚熟品种果个增大。⑤丰产稳产：采用长枝修剪后树势缓和，优质果枝率增加，花芽形成质量获得提高，花芽饱满，提高花芽及花对早春晚霜冻害的抵抗能力，稳产与早果。⑥一年生枝更新能力强，内膛枝更新复壮能力好，能有效防止结果枝的外移和树体内膛光秃。

长枝修剪后的树形

桃园的冬季管理

冬季，桃树进入休眠期。利用农闲时间做好桃园冬季管理，既可减少越冬病虫基数，减轻来年病虫防控压力，也可为来年果树丰产、优质奠定基础。桃园冬季管理的主要内容和技术要点如下：

 1.清园

桃树的病虫害有很多是在落叶、落果、枯枝、杂草上渡过冬季休眠期，特别是有些病菌会随着病叶、病果而散播于土壤中，成为侵染源，加重翌年病害，因此，要及时把果园落叶、烂果和杂草清除干净，集中深埋或烧毁，可消灭大量越冬害虫和病原菌，减轻翌年病虫为害。

 2.耕翻

园地土壤耕翻可将桃小食心虫冬茧、梨实蜂的越冬幼虫等害虫和病菌翻至地表而被冻死、干死或被天敌取食，使翻至深层的害虫不能羽化出土而被闷死，又可以改良土壤，增强通透性，提高地温，有利于根系生长。

 3.害虫防治

利用桃小食心虫、潜叶蛾、卷叶蛾等害虫对越冬场所的选择性，越冬前在桃树主干及大枝上绑草把诱集老熟幼虫化蛹越冬，然后集中消灭。桃小食心虫、梨小、

耕翻桃园

害虫防治

星毛虫透翅蛾等害虫及病菌在果树粗皮、翘皮、裂缝中潜伏越冬，冬季刮树皮然后集中烧毁，对多种病虫害都有良好的防治作用。注意刮皮时不要伤及韧皮部。人工刷除枝干上的蚧类害虫，做到细致均匀。

 4. 树干涂白

进入冬季，树干上刷涂白剂，可有效防御冻害，并杀死在树干上越冬的病虫。涂白剂配方：生石灰25份、食盐8份、石硫合剂原液1份、水40份或生石灰25份、硫黄粉8份、植物油1份、水200份。

 5. 冬季修剪

（1）幼年树的修剪。幼年树的修剪主要是扩大树冠，为以后的丰产打下良好的树形基础。修剪时要按树形的要求，看树修剪，因地制宜选择、配备和培养好主枝、侧枝，适当多留辅养枝和结果枝。同时对主、侧枝之间的角度、长势按要求及时调整，使之主次分明，各自占有应占的空间。

（2）盛果树的修剪。定植5~6年后，桃树开始进入盛果期。修剪主要任务是维持各部位树势平衡，调节主、侧枝生长势的均衡，培养、更新枝组，防止早衰和内膛空虚。

通过修剪调整树冠结构，疏除干枯枝、病虫枝，控制徒长枝、发育枝，改善树体通风透光条件。同时，应把剪除的枝条及时清除出园，集中烧毁。

树干涂白

冬季修剪

桃树的抗旱栽培技术

桃园水分不足对桃的生长结果有着很大的影响。桃园土壤适宜的相对含水量一般为60%~80%，若相对含水量低于适宜值的低限，对无水可灌的地区，应以减少土壤蒸发与植株蒸腾为主。主要措施有：①果园覆盖。树盘覆盖技术，可以有效减轻土壤水分的蒸发损耗。在离树干10厘米的树冠内，覆盖有机物（玉米秸秆、麦草、杂草等，厚度10~20厘米）或地膜，能减少水分蒸发，同时可以减少和避免杂草与果树争夺肥水，增强桃树的抗旱能力。此外甘肃省中部干旱地区压砂、覆沙栽培技术也具有良好的抗旱作用。②应用抗蒸发剂。在不影响树体生理活动的前提下，适当减少水分蒸腾，可提高树体水分利用率，达到经济用水的目的。近年来发现黄腐酸具有这样的特性，黄腐酸在果树上的应用，有效期限18天以上，明显降低蒸腾和提高水势，并发现叶温未受明显影响。在旱期喷布，会明显改善树体内水分状况。

桃树抗旱栽培技术

桃树授粉技术

对于花粉败育品种以及受到冬季低温冻害或是花期连续阴雨，对桃树的坐果率会有很大影响，进行人工辅助授粉很有必要。①采集花粉。从花粉多的桃品种上采集花药，摊在干净的纸上，在20℃～25℃的室内阴干后置于冰箱冷冻室备用。②授粉时间。当树上有一半花开放时即进行第一次人工授粉，在晴天无风的上午进行。③授粉方法。用小橡皮球或棉球、毛笔等蘸花粉向雌蕊点粉。授粉时为了节约花粉，可将花粉和淀粉按照1：5比例混合。一般授粉总量为留果量的1.5倍左右，即长果枝授3~5朵花，中果枝、短果枝授2~3朵花，花束枝授1~2朵花。大面积授粉，则需采用授粉器，每亩桃园授粉用量为2 000朵花的花粉。用毛巾或鸡毛掸子从授粉树上蘸取花粉授给要授粉的树。这是大面积授粉简便易行的方法。④其他方法。大面积桃园也可采用机械授粉，可购买专门的采粉机和授粉机。也可在花期放蜜蜂进行传粉，一般每3~5亩地放蜜蜂1箱。另外对于有花粉的品种在花期喷0.1%~0.5%的硼砂，具有提高坐果率的效果。

桃树授粉

桃树授粉

桃树疏花技术

一株盛果期的桃树要开1.2万~1.5万朵花，实际上全树只要留下400~500朵花用来坐果就足够了。如果所有的花任其全部开放，就要耗去树体150克的营养物质，相当于50千克优质有机肥提供的养分，所以就要进行疏花，疏花在花蕾期开始进行。在花芽量多时，可以疏除细弱枝上的大部分花芽和长中果枝因剪留较长而多余的双花芽以及发育不良的晚开花蕾。桃树疏花时要遵循两个原则：一是果枝向上直立生长的花蕾、花朵还有叶芽都要全部掐掉；二是果枝正下方的叶芽也要除掉，仅保留果枝两侧斜生的花蕾、花朵和叶芽。

桃树疏花量的确定：幼旺树少疏多留，盛果期树留量适中，老弱树、弱枝及内膛枝少留多疏，外围枝、壮枝多留少疏。无花粉品种也应疏蕾，然后进行授粉，以提高坐果率。盛果期树和坐果稳定品种疏花量可达70%。桃树疏花时要疏掉那些发育差、小型、畸形个体。在长果枝上疏掉前部和后部花蕾，留中间位置的；短果枝和花束状果枝则疏去后部花蕾，留前端花蕾；双花芽节位只留1个花蕾。所留花蕾最好位于果枝两侧或斜下侧。疏花后一般长果枝留花蕾5~6个，中果枝3~4个，短果枝和花束状枝留2~3个，预备枝上不留蕾。

桃树疏花

桃树疏花

桃疏果技术

桃树花芽多，开花坐果率高，若任其自然结果，会造成负载量过大。结果过量，果个小，品质差，而且树体消耗养分多，树势弱，下一年结果少。疏果一般分两次进行，前1次在第1次生理落果之后，约谢花后20天左右的5月上旬进行。此时已能分辨出果的大小。应疏掉发育不良、畸形、直立着生果和小果、无叶果，留生长匀称的长形大果。已做细致疏花的树，可不进行此次疏果，否则需疏掉总果数的60%~70%。第2次疏果也称定果，约在谢花后5~6周的5月下旬至6月上旬第二次生理落果之后硬核前进行。先疏早熟品种、大果型品种、坐果率高的品种和盛果期树。第2次生理落果迟的品种宜晚疏。

定果应根据树势、树龄和肥水条件确定留果量。操作中可据果枝种类和长势确定。大果型品种少留果，小果型品种多留。土壤肥水条件好的适当多留。要生产优质商品桃果就必须进行疏果。一般短果枝、花束状果枝只留1果或不留果；中果枝留1~2果；长果枝留3果；徒长果枝留4~5个。留果时应以侧生或下位生果为主。疏去朝天果、双生果、畸形果与病虫果。疏果顺序是先从树体上部向下，由膛内而外逐枝进行，以免漏疏。

桃树疏果

桃树疏果

果实套袋技术

果实套袋可改善果实色泽，使果面干净，鲜艳，提高果品的外观质量；可有效地防止食心虫、椿象及桃炭疽病、褐腐病的危害，提高好果率，减少生产损失；也可有效地防止裂果；同时套袋也可有效地防止日烧，并可减轻冰雹危害。桃果袋因材制及其颜色、制作工艺的不同而不同。经验证明，单层袋中以外灰内黑纸袋效果较好。双层纸袋以外灰内黑纸袋和外灰内红纸袋效果较好。生产中常对一些中晚熟品种和易裂果的品种进行套袋。套袋时间是在疏果定果后进行，套袋前喷一次杀虫杀菌剂。如喷正龙 1000 倍＋润果 2000 倍＋奥宁 4000 倍＋克菌净 4000 倍。套袋时不易落果的品种及盛果期树先套，落果多的品种及幼树后套。套袋时将袋口扎在果柄处易造成压伤或落果（专用袋在制作时已将铅丝嵌入袋口处）。硬肉桃品种于采收前 3~5 天摘袋，软肉桃于采前 2~3 天摘袋。不易着色的品种，如中华寿桃摘袋时间应在采前 2 周摘袋效果较好。摘袋宜在阴天或傍晚时进行，也可在摘袋前数日先把纸袋底部撕开，使果实先受散射光，逐渐将袋体摘掉。用于罐藏加工和不着色的桃果以及采用无色膜袋套袋的果实，采前不必摘袋，采收时连同果袋一并摘下。

桃果实套袋

桃果实套袋

桃树的高接换优技术

桃树高接换头是改良劣质品种,增加产量、提高品质、推广优良品种的一个重要手段。经验认为嵌芽接是比较好的嫁接方法。高接前确定需要高接的单株,并对其进行修整,尽可能多留主枝、侧枝基部的3年以内枝龄的枝进行高接,枝龄越小越易成活。春季嫁接时在需要嫁接的树上选留要嫁接的枝条,剪留基部10厘米左右进行嫁接,其他的枝全部去除。秋季嫁接的枝在来年春季接芽上方1厘米处剪去枝条,待接芽长到15~20厘米时摘心,在这一段时间要对砧木树进行抹芽2~3次,集中营养供接穗生长,嫁接头越多,枝和根的平衡打破越轻,前期生长越旺盛。进入7~8月份旺长阶段要疏除背上枝,打开光路。对健壮枝条要少短截、少摘心,避免发新枝,因此时发的新枝不易成花,影响花芽形成。若嫁接成活的枝少,抹芽时可适当留一部分芽,待接穗长到20厘米左右时再把萌发出的砧木芽剪去。如4~6年生树,高接换优时可在主枝上多嫁接侧枝,以保持将来树形不变,不锯大枝为好。当年嫁接第2年成形,第3年保持原树的产量。

桃树高接换优

桃树高接换优

桃树病虫害防控基本知识——桃树的物候期

桃树的生长、发育变化会对气候产生反应，产生这种反应的时候叫桃树的物候期。根据桃树不同时期变化，划分为如下几个时期。

（1）休眠期　桃树植株在生长发育的过程中，生长和代谢出现暂时停顿的时期，目的是使桃树度过严寒的冬季，时间为落叶后至萌芽前。

（2）生长期　从桃树萌芽开始到落叶终止的时期。

（3）花芽膨大期　春季花芽开始膨大，鳞片开始松苞的时期。此时叶芽也进入萌芽期。

（4）花芽露萼气　花萼由鳞片顶端露出的时期。此时叶芽开绽露绿。

（5）花芽露红期　花瓣由花萼中露出的时期。此时一般可以看到红色的花瓣，叶芽进入生长展叶期。

（6）初花期　全树有5%的花开放的时期。

（7）盛花期　全树有25%的花开放为盛花始期，50%的花开放为盛花期。75%的花开放为盛花末期。

（8）谢花期　全树有5%的花瓣正常脱落为谢花始期；50%左右的花瓣脱落为谢花盛期，95%以上的花瓣正常脱落，为谢花末期。

（9）生理落果期　已经开始发育的幼果中途萎蔫变黄脱落的时期。

（10）果实硬核期　果实类的桃核变硬的时期称为硬核期。此期桃核渐渐变褐变硬，果实膨大变得缓慢，果核木质化。

花芽期

盛花期

幼果期

幼果期

（11）果实发育期　桃树谢花后至果实成熟之前的时期称为果实发育期。其中包含幼果期、硬核期和果实迅速膨大期。

（12）果实成熟期　全株大部分果实成熟的时期。

（13）萌芽期　叶芽开始膨大，鳞片松动露白的时期。

（14）叶芽展开期　露出幼叶，鳞片开始脱落的时期。

（15）展叶期　全树萌发的叶芽中，有25%的芽第1片叶片展开的时期。

（16）新梢生长期　新梢叶片分离，出现第1个长节的时期。

（17）新梢生长终期（停长期）　最后一批新梢形成顶芽，没有未开展叶片的时间。

（18）落叶期　秋末有5%的叶片正常脱落为落叶始期，95%以上的叶片正常脱落为落叶终期。

成熟期

落叶期

石硫合剂在桃园的应用

石硫合剂，是由生石灰、硫黄加水熬制而成的一种用于农业上的广谱杀菌、杀螨和杀虫剂。在众多的杀菌剂中，石硫合剂以其取材方便、价格低廉、效果好、对多种病菌具有抑杀作用等优点，被广大果农普遍使用。石硫合剂是由生石灰、硫黄加水熬制而成的，三者最佳的比例是1：2：10。熬制时，必须用瓦锅或生铁锅，使用铜锅或铝锅则会影响药效。

石硫合剂的主要成分是多硫化钙，具有渗透和侵蚀病菌、害虫表皮蜡质的能力，喷洒后在植物体表面形成一层药膜，保护植物免受病菌侵害，适合在植株发病前或发病初期使用。

使用注意事项：桃树花前喷施一般掌握在3~5波美度，生长季节使用浓度为0.1~0.5波美度。一次在开春后花前，一次在秋天落叶后。该农药在喷布时一定要均匀、仔细，应对全树上下都喷到，不留死角。该农药呈碱性反应，不能与酸性农药、油乳剂、铜制剂及各类化学肥料混用。应密封存放，一旦开袋后，要一次用完。

熬制石硫合剂

石硫合剂产品

桃蚜防控技术

 1.危害症状

主要是以成虫、若虫为害，刺吸枝、叶的汁液，使被害叶向背面做不规则的卷曲，导致枝枯叶黄。同时该蚜虫也是传播病毒病的主要传播媒介。无翅孤雌蚜，体长约2.6毫米，宽1.1毫米，体色有黄绿色，洋红色。有翅孤雌蚜腹部有黑褐色斑纹，翅无色透明，翅痣灰黄或青黄色。有翅雄蚜体色深绿、灰黄、暗红或红褐。

 2.发生规律

桃蚜的繁殖很快，甘肃省一年可发生10余代，以卵在桃、杏、李树的枝梢、芽腋、小枝杈等处越冬，并以若蚜在许多大棚蔬菜、露地越冬蔬菜和杂草上越冬。桃芽萌动至开花期，越冬卵孵化，若虫先在嫩芽上为害，花和叶开放后，转移到花和叶片上。落花后为害新梢，5~6月为全年发生的危害盛期，6月下旬新梢停止生长，产生有翅蚜飞到蔬菜或杂草上，继续危害，9~10月产生有翅蚜，又迁回桃树，产生性蚜，交配后产卵越冬。桃蚜取食为害都是以胎生方式繁殖后代。

 3.防治方法

发芽前至花芽萌动期，喷施3~5度波美度石硫合剂杀灭树上的越冬卵和越冬病菌。发芽后，在桃蚜危害初期喷药防治，选用的药剂有240克/升的螺虫乙酯悬浮剂8000倍液、10%的吡虫啉可湿性粉剂3000~4000倍液等。也可利用食蚜蝇、瓢虫、草蛉等天敌来取食桃树上的蚜虫。

桃蚜

桃蚜危害叶片

桃瘤蚜防控技术

 1.危害症状

桃瘤蚜又名桃瘤头蚜、桃纵卷瘤蚜。以成虫、若虫群集在叶背吸食汁液，以嫩叶受害为重，受害叶片的边缘向背后纵向卷曲，卷曲处组织肥厚，似虫瘿，凸凹不平，初呈淡绿色，后变红色；严重时大部分叶片卷成细绳状，最后干枯脱落，影响桃树的生长发育。

 2.发生规律

桃瘤蚜1年发生10余代，有世代重叠现象。以卵在桃、樱桃等果树的枝条、芽腋处越冬。次年寄主发芽后孵化为干母。群集在叶背面取食为害，形成上述为害状，大量成虫和若虫藏在似虫瘿里为害，给防治增加了难度。5~7月是桃瘤蚜的繁殖、为害盛期。天敌种群数量对桃瘤蚜的发生有较大的影响。自然天敌主要有龟纹瓢虫、七星瓢虫、中华大草蛉、大草蛉、小花蝽、食蚜蝇、蚜茧蜂、蚜小蜂等。

 3.防治方法

及时发现并剪除受害枝梢，烧掉是防治桃瘤蚜的重要措施。芽萌动期可选用48%乐斯本乳油2000倍或5%的高效氯氰酯乳油2000倍液喷药防治。桃瘤蚜在卷叶内危害，叶面喷雾防治效果差，喷药最好在卷叶前进行，或喷洒内吸性强的药剂，以提高防治效果。桃瘤蚜的自然天敌很多，在天敌的繁殖季节，要科学使用化学农药，不宜使用触杀性广谱型杀虫剂。

桃瘤蚜危害状

桃瘤蚜危害状

桃粉蚜防控技术

 1. 危害特征

　　无翅胎生雌蚜，体长2．3毫米，长椭圆形，绿色，被覆白粉，腹管细圆筒形，尾片长圆锥形。有翅胎生雌蚜体长2．2毫米，体长卵形，被覆白粉。若虫形似无翅胎生雌蚜，但体小，淡绿色，体上有少量白粉。无翅胎生雌蚜和若蚜群集于枝梢下和嫩叶背而吸汁为害，被害叶向背对合纵卷，叶下常有白色蜡状的分泌物（为蜜露），常引起煤污病发生，严重时使枝叶呈暗黑色，影响植株生长和观赏价值。

 2. 发生规律

　　每年发生20代左右，属全周期乔迁式。主要以卵在桃、李、杏、梅等枝条的芽腋和树皮裂缝处越冬。第2年当桃、杏芽苞膨大时，越冬卵开始孵化，以无翅胎生雌蚜不断进行繁殖；5月中下旬桃树上虫口激增，危害最重，并开始产生有翅胎生雌虫，迁飞到第2寄主危害；晚秋又产生有翅蚜，迁回第1寄主，继续危害一段时间后，产生两性蚜，性蚜交尾产卵越冬。桃粉蚜扩大危害，主要靠无翅蚜爬行或借风吹扩散。

 3. 防治方法

　　结合冬季修剪，除去有虫卵的枝条，可减少第2年的虫源。桃粉蚜天敌很多，如瓢虫、草蛉、食蚜蝇等。在用药时要尽量减少喷药次数，选用有选择性的杀虫剂。在卵量大的情况下，可于萌芽前喷洒波美3~4度的石硫合剂或5%柴油乳剂或2000倍10%的吡虫啉粉剂喷施。

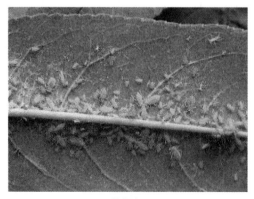

桃粉蚜

桃粉蚜

梨小食心虫防控技术

1.危害症状

梨小食心虫又名梨小蛀果蛾、桃折梢虫、东方蛀果蛾，简称"梨小"。蛀食桃果多危害果核附近果肉。果实被害，幼虫在果核周围蛀食，并排粪于其中，形成"豆沙馅"。被害果易脱落。幼虫还危害桃新梢，新梢被害后，顶端出现流胶，并有虫粪。新梢端部叶片萎蔫，髓部被蛀空，干枯折断。以老熟幼虫在果树枝干和根颈裂缝处及土中结成灰白薄茧越冬。

2.发生规律

在甘肃省桃产区全年发生4代，梨小食心虫对新梢的危害从5月初开始一直延续到当年9月下旬。一般越冬代雄性成虫

首次出现在3月底，一直延续到4月下旬，高峰期出现在4月中下旬；第1代雄成虫高峰期出现在5月下旬至6月中旬；第2代雄成虫发生高峰期出现在7月中下旬；第3代雄成虫发生高峰期出现在8月中下旬。进入9月份，由于气温逐渐降低，第3代幼虫难以完成它的生活史，所以无第4代成虫出现，便以老熟幼虫越冬。

3.防治方法

果树休眠期刮除老翘皮进行处理或幼虫脱果越冬前进行树干束草诱集幼虫越冬，于来春出蛰前取下束草烧毁。同时清扫果园中的枯枝落叶，集中烧掉或深埋于树下，消灭越冬幼虫。早春采取地面覆膜法，阻止越冬代成虫上树；5月中下旬至

梨小危害状

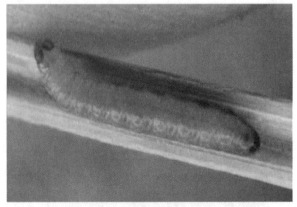

梨小

桃、李、杏

梨小糖醋液诱捕器

梨小性诱剂诱捕器

6月上旬果实套袋；生长季及时彻底剪除虫梢，摘除受害果实并集中销毁，清除园内残存果实和病枝。生长季也可用糖醋液或梨小食心虫性诱剂诱杀。

萌芽前喷施波美5度石硫合剂1次；4月初开始，每亩悬挂5~6个糖醋液诱捕器；生长季桃园悬挂梨小食心虫迷向条，在桃树2/3高度处外围树枝上每年悬挂1次，每亩均匀悬挂60个点。根据实践，在实施以上农业、物理、生物防治技术措施的情况下，就防治梨小食心虫而言，不再需要喷施化学农药。而当以上技术措施未能很好落实或未达到防治效果时，可进行化学药剂防治。

化学防控可选用48%毒死蜱乳油1000倍液、2.5%高效氯氟氰菊酯1000倍液、2.0%甲氨基阿维菌素苯甲酸盐1000倍液、1.8%阿维菌素乳油4000倍液或25%杀灭菊酯2000倍液~2500倍液+25%灭幼脲3号1500倍液等效低毒农药适时防治。此外，农用有机硅展着剂Silwet 408与200克/升氯虫苯甲酰胺悬浮剂混用对防治梨小食心虫卵具有明显的增效作用。

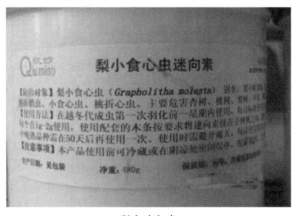

梨小迷向素

梨小迷向素应用

苹小卷叶蛾防控技术

 1. 为害特征

苹卷蛾、黄小卷叶蛾、溜皮虫。主要以幼虫为害果实。苹小卷叶蛾幼虫吐丝缀连叶片，潜居缀叶中食害，新叶受害严重。当果实稍大，常将叶片缀连在果实上，幼虫啃食果皮及果肉，形成残次果。幼虫有转果为害习性，一头幼虫可转果为害桃果6~8个。在桃、苹果、梨、山楂各种水果混栽情况下，桃受害最重，在桃系列品种中，油桃重于毛桃。

 2. 发生规律

苹小卷叶蛾在甘肃省一年发生3代，以幼虫在枝干皮缝、剪锯口等处越冬。6月中旬越冬代成虫羽化，7月下旬第一代羽化，9月上旬第二代羽化；4代发生区，越冬代为5月下旬、第一代为6月末至7月初、第二代在8月上旬、第三代在9月中羽化。春季果树萌芽时出蛰，危害新芽、嫩叶、花蕾，坐果后在两果靠近或叶果靠近处啃食果皮，形成疤果、凹痕，严重影响大桃的品质。成虫昼伏夜出，有趋光性，对糖醋的趋性很强。

 3. 防治方法

早春刮除树干、主侧枝的老皮、翘皮和剪锯口周缘的裂皮消灭越冬幼虫。秋季树干绑缚诱虫带诱集越冬幼虫，春季解下后销毁。苹小卷叶蛾成虫昼伏夜出，有趋光性，对糖醋的趋性很强，可在树冠下挂糖醋液、性诱剂诱捕器、杀虫灯诱杀成虫，减少成虫基数。桃树新梢生长期，越

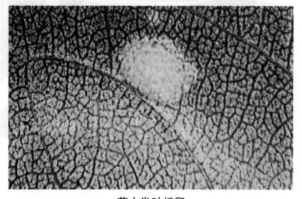
苹小卷叶蛾卵

苹小卷叶蛾幼虫

苹小卷叶蛾成虫

苹小卷叶蛾危害状

冬代幼虫开始卷叶为害，人工摘除虫苞至越冬代成虫出现时结束。也可在苹小卷叶蛾一代卵发生初期释放赤眼蜂以天敌控制。生产中可人工释放松毛虫、赤眼蜂，用糖醋、果醋或苹小卷叶蛾性信息素诱捕器以监测成虫发生期数量消长。卷叶虫最

佳时期是越冬代幼虫出蛰盛期和第一代幼虫初期，可选用5%虱螨脲乳油2000倍液、20%TE乳油1500倍液~2500倍液、3.2%甲维盐微乳剂2500倍或48%乐斯本1500倍液防治。

糖醋诱捕器

苹小卷叶蛾危害树干

苹小卷叶蛾性信息诱虫灯

套袋防治

桑白蚧防控技术

 1. 危害特征

又名桑盾蚧壳虫和桃白蚧壳虫，是桃树的重要害虫。雌成虫橙黄或橙红色，体扁平卵圆形，长约1毫米，腹部分节明显。雄成虫橙黄至橙红色，体长0.6~0.7毫米，仅有翅1对。卵椭圆形，长径仅0.25~0.3毫米。初产时淡粉红色，渐变淡黄褐色，孵化前橙红色。以雌成虫和若虫群集固着在枝干上吸食养分，严重时灰白色的介壳密集重叠，形成枝条表面凹凸不平，树势衰弱，枯枝增多，甚至全株死亡。

 2. 发生规律

甘肃省一年发生2代，以受精雌成虫在枝干上越冬。第二年桃树花芽萌动后，越冬雌成虫开始吸食枝条、枝叶，4月上旬成虫产卵，于蚧壳下，一头雌虫产卵40~400粒，4月上旬至下旬出现第一代若虫。幼虫爬行在母体附近的枝干上吸食汁液，固定后分泌白色蜡粉，形成蚧壳。9月出现末代成虫，雌雄成虫，交尾后，雄虫死去，留下受精的雌成虫，在枝条上越冬。

 3. 防治方法

秋冬季结合修剪，剪去虫害重的衰弱枝。果树休眠期，可用硬毛刷或钢丝刷刷掉枝干上的越冬雌虫。在冬剪时，剪除虫体较多的辅养枝。红点唇瓢虫是其主要的捕食性天敌，应注意保护和利用。萌芽期，用5~7波美度石硫合剂涂刷枝条或喷雾，并用5%柴油乳剂或99%绿颖乳油50倍液~80倍液喷雾，均能有效地消灭雌成虫。

桑白蚧危害状

桑白蚧危害状

桃红颈天牛防控技术

 1.危害特征

桃红颈天牛主要危害木质部，卵多产于树势衰弱枝干树皮缝隙中，幼虫孵出后向下蛀食韧皮部。次年春天幼虫恢复活动后，继续向下由皮层逐渐蛀食至木质部表层，初期形成短浅的椭圆形蛀道，中部凹陷。6月份以后由蛀道中部蛀入木质部，蛀道不规则。随后幼虫由上向下蛀食，在树干中蛀成弯曲无规则的孔道。仔细观察，在树干蛀孔外和地面上常有大量排出的红褐色粪屑。

 2.发生规律

桃红颈天牛2年发生1代，以幼虫在寄主枝干内越冬。7月上旬至8月中旬为成虫羽化盛期，羽化后的成虫在蛀道内停留几天，再外出活动。成虫多在每日中午在枝条上栖息与交尾，卵产于枝干上皮缝隙中，卵期7天左右。幼虫孵化后蛀入韧皮部，当年不断蛀食到秋后，并越冬。翌年惊蛰后活动为害，直至木质部，逐渐形成不规则的迂回蛀道。蛀屑及排泄物红褐色，常大量排出树体外，老龄幼虫在秋后越第二个冬天。第三年春季继续为害，于4~6月化蛹，蛹期20天左右。

 3.防治方法

6~7月间，成虫发生盛期，可进行人工捕捉或是用糖醋液诱捕器来诱杀成虫。

桃红颈天牛

桃红颈天牛幼虫

诱捕器

桃红颈天牛危害树干

4~5月间，即在成虫羽化之前，可在树干和主枝上涂刷"白涂剂"。把树皮裂缝，空隙涂实，防止成虫产卵。涂白剂可用生石灰、硫磺、水按10：1：40的比例进行配制；也可用当年的石硫合剂的沉淀物涂刷枝干。9月份前孵化出的桃红颈天牛幼虫即在树皮下蛀食，这时可在主干与主枝上寻找细小的红褐色虫粪，一旦发现虫粪，即用锋利的小刀划开树皮将幼虫杀

死。也可在翌年春季检查枝干，一旦发现枝干有红褐色锯末状虫粪，即用锋利的小刀将在木质部中的幼虫挖出杀死。同时，在幼虫危害期，可用1份敌敌畏、20份煤油配制成药液涂抹在有虫粪的树干部位或用杀灭天牛幼虫的专用磷化铝毒签插入虫孔，及时砍伐受害死亡的树体，也是减少虫源的有效方法。

树体杀虫剂

树干涂白防治天牛

桃红蜘蛛防控技术

为害桃的红蜘蛛多数为山楂红蜘蛛。

 1.危害特征

山楂红蜘蛛体型为椭圆形，背部隆起，越冬雌虫鲜红色，有光泽，夏季雌虫深红色，背面两侧有黑色斑纹。卵球形，淡红色或黄白色。常群集叶背为害，并吐丝拉网（雄虫无此习性）。早春出蛰后，雌虫集中在内膛为害，造成局部受害现象。第一代成虫出现后，向树冠外围扩散。被害叶的叶面先出现黄点，随虫口的增多而扩大成片，被害严重时叶片焦枯脱落，有时7~8月份出现大量落叶，影响树

势及花芽分化。

 2.发生规律

山楂红蜘蛛以受精的雌虫在枝干树皮的裂缝中及靠近树干基部的土块缝里越冬，大发生的年份，还可潜藏在落叶、枯草或土块下面越冬。每年发生代数因各地气候而异，一般3~9代。当平均气温达到9℃~10℃时即出蛰，此时芽露出绿顶，出蛰约40天即开始产卵，7~8月间繁殖最快，8~10月产生越冬成虫。越冬雌虫出现早晚与树受害程度有关，受害严重时7月下旬即可产生越冬成虫。为害期大致

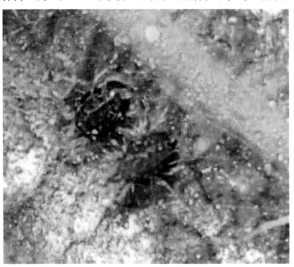

桃红蜘蛛

桃红蜘蛛

药物防治

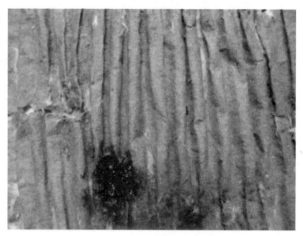

防治桃红蜘蛛

为4~10月。

 3.防治方法

发芽前，冬季清扫落叶，刮除老皮，翻耕树盘，消灭部分越冬雌虫。秋季树干绑缚诱虫带，诱集从树上转移至土壤中越冬带成虫，于春季解下诱虫带进行集中烧毁。生物防治主要是保护和利用自然天敌，或释放捕食螨。发芽前喷一次石硫合剂，在越冬雌虫开始出蛰，而花芽幼叶又未开裂前效果最好。谢花后或麦收前，在螨害不严重的情况下，喷迟效性杀螨剂，如5%尼索朗乳油3000倍，或螨死净水悬浮剂2000倍~3000倍。螨害严重时，可喷哒螨灵1500倍，或齐螨素8000倍，1.8%阿维菌素3000倍~4000倍。

绿盲蝽防控技术

 1. 危害特征

绿盲蝽，又名牧草盲蝽，俗称小臭虫。绿盲蝽食性很杂，可取食棉花、蔬菜、果树、草等多种植物。绿盲蝽在果树上是一种重要的害虫，可危害桃、樱桃、葡萄、苹果、梨等多种果树，国内各桃产区广泛分布。绿盲蝽主要危害桃树嫩芽、幼叶、新梢和幼果，成虫、若虫刺吸花芽和叶芽，可造成桃树不能发芽和开花，危害幼叶和新梢，导致叶片上出现很多大小不一的孔洞或缺口，呈破叶状，抑制新梢生长，危害幼果后，可引起果实流胶，刺吸部位停止发育，凹陷木栓化，最后形成畸形果。

 2. 发生规律

绿毛虫在长江以北一年发生4~5代，以卵在芽鳞内越冬。果树萌芽期，越冬卵开始孵化，孵化出的若虫刺吸为害花芽和叶芽。此时是树上喷药防治的关键时期，第一代成虫于5月上旬开始出现，5月中下旬为一代成虫高峰期，此后大约一个月一代，世代重叠严重，一直危害到秋季。10月成虫陆续产卵于芽鳞内进行越冬。

绿盲蝽成虫

绿盲蝽危害状

绿盲蝽危害状

绿盲蝽危害状

 3.防治方法

桃园绿盲蝽防治应采取"预防为主，综合防治"的方针。农业防治：冬季，彻底清除桃园内杂草、落叶等植物残体；刮除桃树干及主枝、枝权处的粗皮、翘皮；剪除树上的枯枝及病残枝，并集中烧毁或深埋。物理防治：3月中旬在树干30~50厘米处缠粘虫胶，阻止绿盲蝽若虫上树危害。生物防治：保护及利用天敌生物，绿盲蝽的天敌主要为桃园常见的龟纹瓢虫、异色瓢虫、中华草蛉、捕食性蜘蛛及寄生蜂类等。化学防治：3月下旬，桃树萌芽前喷3~5度Be石硫合剂，防治越冬卵；第一代若虫防治是周年防治的重点，在桃树萌芽期结合防治其他害虫喷药防治，喷药时不仅喷新梢和幼果，也要喷主枝及主干。以后各代依发生情况进行防治。选择药剂应具内吸、熏蒸和触杀作用，常用药剂有5%锐劲特悬浮剂、2%阿维菌素乳油3000倍液~4000倍液等防治。

桃潜叶蛾防控技术

 1.危害特征

桃潜叶蛾属鳞翅目，潜叶蛾科。在中国桃产区均有发生。危害桃、杏、李、樱桃、苹果、梨等果树。成虫体长3毫米，翅展6毫米，体及前翅银白色。前翅狭长，先端尖，附生3条黄白色斜纹，翅先端有黑色斑纹。前后翅都具有灰色长缘毛。卵，扁椭圆形，无色透明，卵壳极薄而软，大小为0.33~0.26毫米。幼虫，体长6毫米，胸淡绿色，体稍扁。有黑褐色胸足3对。茧，扁枣核形，白色，茧两侧有长丝粘于叶上。

桃潜叶蛾以幼虫在叶片内潜食叶肉，造成弯曲迂回的蛀道，叶片表皮不破裂，从外面可看到幼虫所在位置。幼虫排粪于蛀道内。在果树生长后期，蛀道干枯，有时穿孔。虫口密度大时，叶片枯焦，提前脱落。

 2.发生规律

该虫每年发生5代，以蛹在枝干的翘皮缝、被害叶背及树下杂草丛中结白色薄茧越冬。翌年4月下旬至5月初成虫羽化，夜间产卵于叶表皮内。孵化后的幼虫呈浅绿色，受震动后会吐丝下垂。幼虫老熟后从蛀道脱出，在树干翘皮缝、叶背及草丛中仍结白色薄茧化蛹。5月底至6月初发生第1代成虫。以后每月发生1代，直至9月底至10月初发生第5代。

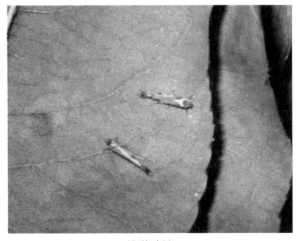

桃潜叶蛾

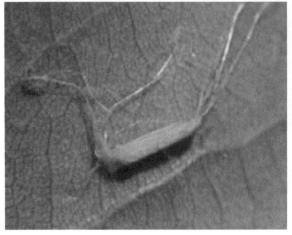

桃潜叶蛾

桃潜叶蛾危害状

 3.防治方法

　　农业防治：桃树花芽萌动期，清除园内及四周落叶和杂草，集中处理，消灭越冬虫源。物理防治：诱杀成虫，桃树谢花期开始，悬挂桃潜叶蛾性诱剂和诱捕器，诱杀雄成虫，每亩桃园挂6~7个诱捕器，

桃潜叶蛾危害状

同时可以监测成虫发生期，指导树上喷药防治。化学防治：第二代成虫盛发期五天后，树上分别喷洒1.8%的阿维菌素3000倍液。桃潜叶蛾的卵和幼虫潜藏在叶肉内，最好选用具有内吸和内渗性的杀虫剂防治。

白星花金龟防控技术

 1.危害特征

主要是成虫啃食成熟或过熟的桃果实，尤其喜食风味甜的果实。幼虫为腐食性，一般不为害植物。每年发生一代，以幼虫（蛴螬）在土中或粪堆内越冬，幼虫（蛴螬）头小体肥大，多以腐败物为食，春季幼虫啃食植物根部，造成植株死亡或衰弱。

 2.发生规律

5月上下旬老熟幼虫化蛹，羽化为成虫，成虫发生盛期为6~7月，9月为末期。成虫具假死性和趋化性，飞行力强。多产卵于粪堆、腐草堆和鸡粪中。幼虫以腐草、粪肥为食，一般不为害植物根部，在地表幼虫腹面朝上，以背面贴地蠕动而行。

 3.防治方法

成虫发生盛期用黑光灯或频震式杀虫灯诱杀。及时清理果园落果和鸟虫伤果。利用成虫的假死性和趋化性，于清晨或傍晚，在树下铺塑料布，摇动树体，捕杀成虫。也可挂糖醋液瓶或烂果，诱集成虫，于午后收集杀死。成虫常群聚在成熟的果实上危害，可人工捕杀。结合秸秆沤肥翻粪和清除鸡粪捡拾幼虫和蛹。因为白星花金龟危害期正值果实成熟期，不能用药，一般不需单独施用药剂防治，在防治食叶和一些食果害虫时，可兼治。

白星花金龟

白星花金龟危害状

铜绿丽金龟防控技术

1.危害特征

又名金龟子,淡绿金龟子。寄主有苹果、山楂、海棠、梨、杏、桃、李、梅、柿、核桃、酯粟、草莓等。以苹果属果树受害最重。成虫取食叶片,常造成大片幼龄果树叶片残缺不全,甚至全树叶片被吃光。春季升温后,幼虫取食桃树花芽、嫩芽以及地下根系。

2.发生规律

铜绿丽金龟1年发生1代,以3龄幼虫越冬。次春4月间迁至耕作层活动危害,5月间老熟他蛹,5月下旬至6月中旬为化蛹盛期,预蛹期12天,蛹期约9天。5月底成虫出现;6~7月间为发生最盛期,是全年危害最严重期,8月下旬渐退,9月上旬成虫绝迹。成虫高峰期开始产卵,6月中旬至7月上旬末为产卵密期。成虫产卵前期约10天左右;卵期约10天。7月间卵孵盛期。幼虫危害至秋末即下迁至39~70厘米的土层内越冬。

3.防治方法

农业防治:后利用成虫的假死习性,早晚振落捕杀成虫。物理防治:利用成虫的趋光性,当成虫大量发生时,于黄昏后在果园边缘点火诱杀。有条件的果园可利用黑光灯大量诱杀成虫。化学防治:在成虫发生期,树冠喷布石灰过量式波尔多液,对成虫有一定的驱避作用。也可表土层施药。在树盘内或园边杂草内施75%辛硫磷乳剂1000倍液,施后浅锄入土,可毒杀大量潜伏在土中的成虫。

铜绿丽金龟幼虫

铜绿丽金龟危害状

桃蛀螟防控技术

 1.危害特征

桃蛀螟，为鳞翅目螟蛾科蛀野螟属的一种昆虫。全国各地均有分布。寄主包括桃、柿、核桃、板栗、无花果、松树、高粱、玉米、粟、向日葵、蓖麻、姜、棉花等。以幼虫蛀食桃果，由蛀孔分泌黄褐色的透明胶液，并将虫粪堆积其上，果实内也充满虫粪，不能食用，严重影响桃果实和产量。

 2.发生规律

甘肃省桃产区一年发生2~3代，均以老熟幼虫在玉米、向日葵、蓖麻等残株内结茧越冬。越冬代成虫于第二年4月中旬

至5月中旬发生，白天伏在叶背面阴暗处，夜间活动交尾。卵散产于早熟桃果上，经1周左右孵化为幼虫。幼虫从果实肩部或胴部蛀入果内取食果肉，经15~20天幼虫老熟。于果内或果与枝叶相贴处结茧化蛹，经8天左右蛹羽化为第一代成虫。此代成虫于6月上旬至7月中旬发生，主要在中熟品种的桃果上产卵为害。第2、3代成虫继续在晚熟桃上产卵，并转移到向日葵、玉米、蒿草等植物上产卵。10月中下旬，末代老熟幼虫爬到越冬场所结茧越冬。

 3.农业防治

一是秋季采果前在树干上绑草把，诱

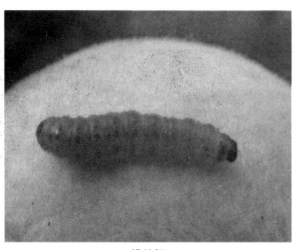

桃蛀螟

桃蛀螟

集越冬幼虫后集中深埋或烧毁草把，以消灭幼虫；二是摘除树上残果、虫果，彻底刮除老翘皮下的越冬幼虫；晚秋或早春深翻改土，以冻死越冬虫卵；三是疏去密生枝与密生果，使枝间、枝果间、果与果间互不交接，减少产卵场所，在花谢后，子房开始膨大时进行果实套袋；四是在果园内或四周种植高粱、玉米、向日葵等高秆作物诱集成虫，产卵后集中消灭。

 4.物理防治

利用桃蛀螟成虫的趋光性设置杀虫灯诱杀成虫，降低虫口密度。利用桃蛀螟的趋化性，采用糖醋液或性引诱剂诱杀成虫。生物防治：桃蛀螟产卵期可用赤眼蜂等天敌进行防治。化学防治：成虫产卵盛期至幼虫孵化初期施药为防治适期，每隔7~10天喷1次，连喷2~3次。药剂可选用25%灭幼脲1500~2500倍液，或50%辛硫磷乳油1000倍液等。

桃小蠹防控技术

 1.危害特征

桃小蠹又叫做多毛小蠹，是一种鞘翅目，小蠹甲科害虫。该害虫主要为害对象包括桃、杏等核果类果树，成幼虫蛀食枝干韧皮部和木质部，蛀道于其间，常造成枝干枯死或整株死亡。成虫体黑色，鞘翅暗褐色有光泽；触角锤状；体密布细刻点，鞘翅上有纵刻点列、较浅，沟间有稀疏竖立的黄色刚毛列。卵乳白色、圆形。幼虫乳白色、肥胖，无足。蛹长与成虫相似，初乳白色后渐深。

 2.发生规律

每年发生1代，以幼虫于坑道内越冬。翌春老熟幼虫于坑道端蛀圆筒形蛹室化蛹，羽化后咬圆形羽化孔爬出。6月间成虫出现，秋后以幼虫在坑道端越冬。成虫有假死性，迁飞性不强，就近在半枯枝或幼龄桃树嫁接未愈合部产卵。孵化后的幼虫分别在母坑道两侧横向蛀子坑道，略呈"非"字型，初期互不相扰，近于平行，随虫体增长坑道弯曲成混乱交错。

 3.防治方法

加强果园管理，增强树势，可减少发生为害。结合修剪，彻底剪除有虫枝和衰弱枝，集中处理效果很好。在成虫产卵前，用75%硫双威可湿性粉剂1000倍液~2000倍液、10%高效氯氰菊酯乳油1000~2000倍液、5%氟苯脲乳油800倍液~1500倍液、20%虫酰肼悬浮剂1000倍液~1500倍液喷洒，毒杀成虫效果良好，间隔15天喷1次，喷2~3次即可。

桃小蠹

桃小蠹危害状

桃流胶病的诊断及防治技术

1.发病症状

桃流胶病一般从发病原因上看，主要分为生理性流胶和侵染性流胶两种。

（1）生理性流胶：主要发生在主干和主枝上。雨后树胶与空气接触变成茶褐色硬质琥珀状胶块，被腐生菌侵染后的病部变褐腐烂，致使树势越来越弱，严重者造成死树，雨季发病重，大龄树发病重，幼龄树发病轻。

（2）侵染性流胶：主要为害果枝。病菌侵染当年生枝条，多从伤口和侧芽处入侵，出现以皮孔为中心的瘤状突起，当年不流胶，具有潜伏侵染特征，次年瘤皮开裂溢出胶液，发病后期病部表面生出大量梭形或圆形的小黑点，1年有2次高峰期，5月上旬至6月上旬1次，8月下旬至9月上旬1次，这是与生理性流胶的最大区别。

2.发病规律

生理性流胶病，主要是由于霜害、冻害、病虫害、雹害、水分过多或不足、施肥不当、修剪过重、结果过多、土质黏重或土壤酸度过高等原因引起。树龄大的桃树发病重。侵染性流胶病菌以菌丝体、分生孢子器在病枝里越冬，次年3月下旬至4月中旬散发分生孢子，随风而传播，主要经伤口侵入，也可从皮孔及侧芽侵入引

桃流胶病症状

桃流胶病症状

起初侵染，可进行再侵染。特别是雨天从病部溢出大量病菌，顺枝干流下或溅附在新梢上，从皮孔、伤口侵入，成为新梢初次感病的主要菌源，枝干内潜伏病菌的活动与温度有关。当气温在15℃左右时，病部即可渗出胶液，随着气温上升，树体流胶点增多，病情加重，且土壤黏重、酸性较大、排水不良易发病。

 3.防治措施

加强栽培管理，增强树势，提高桃树的抗病能力。对病树多施有机肥，适量增施磷、钾肥，中后期控制氮肥。合理修剪，合理负载，协调生长与结果的矛盾，保持稳定的树势。雨季做好排水，降低桃园湿度。适时夏剪，改善通风透光条件，同时防治好其他病虫，特别是桃树的枝干害虫，减少病虫伤口和机械伤口。

（2）消灭越冬菌源：在最冷的12月份至1月份进行清园消毒，刮除流胶硬块及其下部的腐烂皮层及木质，集中起来烧毁，然后喷中药杀菌剂靓果安400倍液+有机硅，消灭越冬菌源、虫卵。

（3）药剂防治：桃树发芽前，树体上喷中药杀菌剂靓果安600倍液+有机硅，杀灭活动的病菌。

（4）涂抹防治：先用刀将病部干胶和老翘皮刮除，再用刀纵横划几道（所画范围要求超出病斑病健交界处，横向1厘米，纵向3厘米；深度达木质部），并将胶液挤出，然后使用溃腐灵原液或5倍液+渗透剂如有机硅等，对清理后的患病部位进行涂抹，一般涂抹2次，间隔3~5天，必要时，在流胶高峰期再涂抹一次。

（5）生长季适时喷药：3月下旬至4月中旬是侵染性流胶病弹出分生孢子的时期，可结合防治其他病害，喷靓果安600倍液进行预防。5月上旬至6月上旬、8月上旬至9月上旬为侵染性流胶病的两个发病高峰期，在每次高峰期前夕，每隔7~10天喷1次靓果安600倍液等，连喷2~3次，喷药次数根据病情而定。

桃炭疽病的诊断及防治技术

 1.发病症状

该病主要危害果实，也可侵染幼梢及叶片。幼果染病发育停止，果面暗褐色，萎缩硬化成僵果残留于枝上。果实膨大后，染病果面初呈淡褐色水渍状病斑，后扩大变红褐色，病斑凹陷有明显同心轮纹状皱纹，湿度大时产生橘红色黏质小粒点，最后病果软腐脱落或形成僵果残留于枝上。新梢染病，呈长椭圆形褐色凹陷病斑，病梢侧向弯曲，严重时枯死。叶片染病产生淡褐色圆形或不规则形灰褐色病斑，其上产生橘红色至黑色粒点。后病斑干枯脱落穿孔，新梢顶部叶片萎缩下垂，纵卷成管状。

 2.发病规律

6~8月发病严重，病菌主要以菌丝体在病梢或树上僵果中越冬。

 3.防治措施

①清除病原。细致修剪，彻底清除树上病梢、枯死枝、僵果，结合施基肥，彻底清扫落叶和地面病残体深埋于施肥坑内。②喷药保护。发芽前细致喷洒5波美度石硫合剂+100倍五氯酚钠药液，消灭越冬病菌。生长季节结合防治褐腐病等及时喷洒1000倍"天达2116" 1000倍10%世高（或+800倍80%炭疽福美或3000倍25%阿米西达，或800倍72%杜邦克露）等药液保护叶片和果实。

桃炭疽病危害叶片

桃炭疽病危害果实

桃疮痂病的诊断及防治技术

 1.发病症状

桃疮痂病是桃树的一种常见病害，各桃区均有发生，尤以北方桃区受害较重，高温多湿利于发病。桃不同品种感病性不同。早熟品种发病轻，晚熟品种发病重。该病除危害桃树外，还危害杏、李、梅等其他核果类果树。桃疮痂病主要为害果实，果实发病初期，果面出现暗绿色圆形斑点，逐渐扩大，至果实近成熟期，病斑呈暗紫或黑色，略凹陷，后呈略突起的黑色痣状斑点，病菌扩展局限于表层，不深入果肉。发病严重时，病斑密集，随着果实的膨大，果实龟裂。叶片受害，初期在叶背出现不规则红褐色斑，以后正面相对应的病斑亦为暗绿色，最后呈紫红色干枯穿孔。在中脉上则可形成长条状的暗褐色病斑。发病重时可引起落叶。新梢被害后，呈现长圆形、浅褐色的病斑，后变为暗褐色，并进一步扩大，病部隆起，常发生流胶。

 2.发病规律

以菌丝体在枝梢病组织中越冬。春季气温上升，病菌产生分生孢子，通过风雨传播，进行初侵染。病菌侵入后潜育期长，然后再产生分生孢子梗及分生孢子，进行再侵染。北方桃园，果实一般在6月份开始发病，7~8月发病率最高。春季和初夏及果实近成熟期多雨潮湿易发病。果园排水不良，枝条郁密，修剪粗糙等均能加重病害的发生。

桃疮痂病病果

桃疮痂病危害果实

3.防治方法

秋末冬初结合修剪，认真剪除病枝。注意雨后排水，合理修剪，使桃园通风透光。坐果后套袋，以防病菌侵染。萌芽前喷5波美度石硫合剂加0.3%五氯酚钠、45%晶体石硫合剂30倍液，铲除枝梢上的越冬菌源。落花后半月是防治的关键时期，可用下列药剂：70%甲基硫菌灵可湿性粉剂800倍液~1000倍液、65%代森锌可湿性粉剂500倍液~800倍液、40%氟硅唑乳油8000倍液~10000倍液均匀喷施，以上药剂交替使用，效果更好。间隔10~15天喷药1次，共3~4次。

桃根霉软腐病的诊断及防治技术

 1.病害症状

主要为害果实。熟果或贮运期染病，初生浅褐色水渍状圆形至不规则形病斑，扩展很快，病部长出疏松的白色至灰白色棉絮状霉层，致果实呈软腐状，后产生暗褐色至黑色菌丝、孢子囊及孢囊梗。发病条件：该菌广泛存在于空气、土壤、落叶、落果上，在高温高湿条件下极易从成熟果实的伤口侵入果实，且通过病健果接触传播蔓延。温暖潮湿利其发病。除侵染桃外，还为害杏、苹果、梨等多种果实。

 2.发病条件

该菌广泛存在于空气、土壤、落叶、落果上，在高温高湿条件下极易从成熟果实的伤口侵入果实，且通过病健果接触传播蔓延。温暖潮湿利其发病。除侵染桃外，还为害杏、苹果、梨等多种果实。

 3.防治方法

①雨后及时排水，严防湿气滞留，改善通风透光条件。②采收过程中千方百计减少伤口，单果包装。在低温条件下运输或贮存。

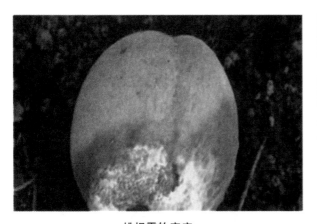

桃根霉软腐病

桃根霉软腐病危害状

桃缩叶病的诊断及防治技术

桃缩叶病属真菌性病害。危害桃嫩梢、新叶及幼果。

 1.发病症状

嫩叶刚伸出时就显现卷曲状，颜色发红。叶片逐渐开展，卷曲及皱缩的程度随之增加，致全叶呈波纹状凹凸，严重时叶片完全变形。病叶较肥大，叶片厚薄不均，质地松脆，呈淡黄色至红褐色；后期在病叶表面长出一层灰白色粉状物，即病菌的子囊层。病叶最后干枯脱落。在新梢下部先长出的叶片受害较严重，长出迟的叶片则较轻。如新梢本身未受害、病叶枯落后，其上的不定芽仍能抽出健全的新叶。新梢受害呈灰绿色或黄色，比正常的枝条短而粗，其上病叶丛生，受害严重的枝条会枯死。花和幼果受害后多数脱落，故不易察觉。未脱落的病果，发育不匀，有块状隆起斑，黄色至红褐色，果面常龟裂。这种畸形果实，不久也要脱落。

 2.发病规律

春季桃树萌芽期气温低，桃缩叶病常严重发生。一般气温在10℃~16℃时，桃树最易发病，而温度在21℃以上时，发病较少。反之，气温高，桃叶生长较快，就减少了染病的机会。另外，湿度高的地区，有利于病害的发生，早春低温多雨的年份或地区，桃缩叶病发生严重；如早春温暖干燥，则发病轻。从品种上看，以早熟桃发病较重，晚熟桃发病轻。

 3.防治方法

萌芽期及时喷洒5波美度石硫合剂、4%农抗120或10%农抗粉都有良好的效果。发病期间及时剪除病梢病叶，集中烧毁，清除病源。发病严重的桃园，注意增施肥料，促进树势恢复，增强抗病能力。

桃缩叶病危害状

桃缩叶病危害状

桃细菌性穿孔病的诊断及防治技术

 1.发病症状

枝干：枝梢上逐渐出现以皮孔为中心的褐色至紫褐色圆形稍凹陷病斑。感病严重植株的1~2年生枝梢在冬季至萌芽前枯死。叶片：叶片上出现水渍状小点，逐渐扩大成紫褐色至黑褐色病斑，周围呈水渍状黄绿晕环，随后病斑干枯脱落形成穿孔。果实：果面出现暗紫色圆形中央微凹陷病斑，空气湿度大时病斑上有黄白色黏质，干燥时病斑发生裂纹。

 2.发病规律

病原主要在枝梢的溃疡斑内越冬，第2年春随气温上升，从溃疡斑内滋出菌液，借风雨和昆虫传播，经叶片气孔和枝梢皮孔侵染，引起当年初次发病，一般3月份开始发病，10~11月多在被害枝梢上越冬。

 3.防治方法

①降低果园空气湿度。增施有机肥和磷钾肥，避免偏施氮肥。②改善通风透光条件，促使树体生长健壮，提高抗病能力。③在10~11月桃休眠期，也正是病原在被害枝条上开始越冬，结合冬季清园修剪，彻底剪除枯枝、病梢，及时清扫落叶、落果等，集中烧毁，消灭越冬菌源。桃园附近应避免杏、李等核果类果树。④药剂防治，发芽前喷波美5度石硫合剂，发芽后喷72%农用硫酸链霉素可湿性粉剂3000倍液；幼果期喷代森锌600倍液或农用硫酸链霉素4000倍液；6月末至7月初喷第1遍，15~20天喷1次，喷2~3次。常用药剂还有石硫合剂、代森锌、硫酸锌等。

桃细菌性穿孔病危害叶片

桃细菌性穿孔病危害果实

桃褐腐病的诊断及防治技术

1.病害症状

桃褐腐病能为害桃树的花叶、枝梢及果实，其中以果实受害最重。花：花部受害自雄蕊及花瓣尖端开始，先发生褐色水渍状斑点，后逐渐延至全花，随即变褐而枯萎。新梢：侵害花与叶片的病菌菌丝、可通过花梗与叶柄逐步蔓延到果梗和新梢上，形成溃疡斑。病斑长圆形，中央稍凹陷，灰褐色，边缘紫褐色，常发生流胶。果实：果实被害最初在果面产生褐色圆形病斑，如环境适宜，病斑在数日内便可扩及全果，果肉也随之变褐软腐。

2.发病条件

桃树开花期及幼果期如遇低温多雨，果实成熟期又逢温暖、多云多雾、高湿度的环境条件，发病严重。前期低温潮湿容易引起花腐，后期温暖多雨、多雾则易引起果腐。虫伤常给病菌造成侵入的机会。树势衰弱，管理不善和地势低洼或枝叶过于茂密，通风透光较差的果园，发病都较重。果实贮运中如遇高温高湿，则有利病害发展。品种间抗病性，一般成熟后质地柔嫩，汁多、味甜、皮薄的品种比较感病。

3.防治方法

消灭越冬菌源：结合修剪做好清园工作。及时防治害虫：如桃象虫、桃食心虫、桃蛀螟、桃蝽象等，应及时喷药防治。有条件套袋的果园，可在5月上中旬进行套袋。喷药保护：桃树发芽前喷布5波美度石硫合剂或45%晶体石硫合剂30倍液。落花后10天左右喷65%代森锌可湿性粉剂500倍液或70%甲基托布津800倍液~1000倍液。

桃褐腐病

桃根瘤病(根癌病)的诊断及防治技术

1.病害症状

桃树根瘤病又叫根癌病。主要危害桃树的根部,有时也可危害根颈。受害部分形成癌瘤。瘤的形状通常为球形或扁球形,也可互相愈合成不规则形。小的如豆粒大,大的超过拳头甚至直径盈尺,多数发生在根冠部分。苗木上的瘤一般只有核桃大,多发生在接穗与砧木愈合部分。初为乳白色或略带红色、光滑、柔软,后变深褐色,木质化坚硬,表面粗糙或凹凸不平。病株地上部表现矮化及发育不良,果实变小,树龄缩短。此病是一种慢性病,前期不易被发现,随病情发展树势逐渐衰弱,易受冻害。

2.防治方法

①苗木消毒。苗木出圃前必须严格检查,剔除病苗。并在未抽芽前将嫁接口以下部位,用1%硫酸铜浸5分钟,再放入2%石灰水中浸1分钟。②加强栽培管理。选用无病土做苗圃,培育无病壮苗,采用芽接法,并用75%酒精消毒嫁接工具,以减少染病机会。种植绿肥和增施有机肥料,改良土壤,使之不利于病菌生长。及时防治地下害虫,减少根部伤口,可减轻病害发生。③生物防治:K84是一种根际细菌,它能产生核苷酸细菌素抑制根癌细胞的生长。采用K84菌悬液浸种育苗、浸幼树根定植、浸插条和嫁接口保护以及切瘤洗根均有显著效果。④病瘤处理。对定植后树上长出的病瘤,可切除后涂100倍硫酸铜液或菌毒清50倍液消毒,外涂波尔多浆保护。也可用400单位链霉素涂切口,再抹凡士林保护。

桃根瘤病

桃树干枯病的诊断及防治技术

 1.病害症状

桃枯病又名腐烂病，是真菌性病害，主要为害桃树枝干。症状较隐蔽，初病部略凹陷，可见米粒大小胶点状物，后逐渐现出椭圆形紫红色凹陷斑，胶点逐渐增多，胶量增大，严重者树干流胶。胶点初为黄白色，后变褐或棕褐色至黑色，胶点处病变组织变成黄褐色，呈湿润状腐烂，可深达木质部，散出酒糟气味。后期病部干缩、凹陷，表面生有黑色小粒点，即病菌子座，湿度大时，涌出橘红色孢子角。剥开病部树皮，黑色子座壳尤为明显，成为本病重要特征。

 2.发病规律

病原菌以菌丝体、子囊壳及分生孢子器的形式在病部越冬。树势弱、园地湿、土质黏重、冬季枝干受冻及修剪过重、枝干伤口过多且愈合不良，以及日灼等，都会引起病害发生。

 3.防治方法

加强果园肥水管理，合理修剪，合理留果，防止树势衰退。发病后用利刀刮除病斑，并用20%的抗菌剂"402"（乙蒜素）100倍液或硫酸铜100倍液涂伤口。

桃树干枯病症状

桃树干枯病症状

桃缺氮症的防控措施

 1.病害症状

桃树缺氮表现为全叶片浅绿至黄色。梢随即停止生长。若继续缺氮，新梢上的叶片由下而上全部变黄，枝条细弱，短而硬，皮部呈棕红色或紫红色。氮素可以从老熟组织转移到迅速生长的幼嫩组织中，缺氮症多在较老的枝条上表现得比较显著，幼嫩枝条表现较晚且轻。当枝条生长受到抑制或枝条顶端幼叶变黄时，老叶缺氮症已很严重。此时在枝条顶端的黄绿色叶片和基部变成红黄色的叶片上，都发生红棕色斑点或坏死斑。枝条停止生长，花芽显著减少，抗寒力降低，果小味淡而色暗。离核桃的果肉风味淡，含纤维多。果面不够丰满，果肉向果心紧靠。

 2.发生原因

在管理粗放、土壤缺肥的果园，易发生缺氮。在雨量大或灌水多，以及秋梢速长期，桃树易缺氮。

 3.防治方法

缺氮时主要用尿素叶面喷施，前期200倍液~300倍液，秋季30倍液~50倍液；也可用硫铵、氯化铵或碳酸氢铵等。

桃缺氮症症状

桃缺氮症叶片

桃缺磷症的防控措施

1.病害症状

幼苗或移植的幼树缺磷时，生活力显著降低，第一年冬天可能造成很大损失，桃树的寿命也会因而缩短。桃树缺磷，初期全株叶片呈深绿色，常被误认为施氮过多，此时温度较低，可见叶柄或叶背，叶脉呈紫色或红褐色，随后叶片正面呈红褐色或棕褐色。桃树轻度缺磷，生长较正常，仅枝条较少而细。分枝少，花芽少，果实小，着色早，无光泽，无风味，酸多糖少，成熟早，严重缺磷时，在生长的中后期，枝条顶端形成轮生叶，果实畸形。在磷、钾同时不足时，表现磷、钾复合缺乏症。

2.发生条件

①果园土壤含磷量低，速效磷在10毫克/千克以下。②土壤碱性，含石灰质多，或酸度较高；土壤中磷素被固定，不能被果树吸收，磷肥的利用率降低。在疏松的砂土地或有机质多的土壤上，常有缺磷现象。③偏施氮肥，磷肥施用量过少。

3.防治方法

①基施有机肥和无机磷肥或含磷复合肥。②对缺磷果树，于展叶后，叶面喷施0.2%~0.3%的磷酸二氢钾2~3次也可用1%~3%过磷酸钙水澄清溶液或0.5%~1%磷酸铵水溶液喷施。

注意：磷过剩抑制氮的吸收，并可引起锌、铜、镁等缺素症。

桃树缺磷症症状

桃树缺磷症症状

桃缺钾症的防控措施

 1.病害症状

新梢细长，节间长，叶尖、叶缘退绿和坏死。叶缘往上卷，向后弯曲。果型小、品质差。桃树缺钾初期表现，枝条中部叶片皱缩，继续缺钾时，叶片皱缩更明显，扩展也快。此时遇干旱，易发生叶片卷曲现象，以至全株呈萎蔫状。由于缺钾，氮的利用也受到限制，所以在叶片出现皱缩时，还能表现缺氮症，叶片呈黄绿色，以后叶片上形成一些淡褐色坏死斑，逐渐扩大而成棕褐色斑块，边缘呈红棕色或紫色。坏死组织容易脱落，呈穿孔或缺刻。夏季以后缺钾，叶片早落。桃树缺钾在整个生长期内可以逐渐加重，尤其叶缘处坏死扩展最快。坏死组织遇风易破裂，那些因缺钾而卷曲的叶片背面，常变成紫红色或淡红色。

 2.发生条件

在细砂土、酸性土以及有机质少的土壤，在砂质土施石灰过多，易缺钾；轻度缺钾土壤中施氮肥，刺激果树生长，更易表现缺钾。

 3.防治方法

①秋季基施充足的有机肥，如厩肥或草秸。②果园缺钾时，幼果膨大期开始，或6~7月追施草木灰、氯化钾（15~20千克/亩）或硫酸钾（20~25千克/亩）等化肥。③叶喷0.2%~0.3%磷酸二氢钾水溶液或1%~2%硫酸钾或氯化钾。

注：桃树缺钾，容易遭受冻害或旱害，但施钾肥过多，易诱发缺镁症，对氮、钙、铁、锌、硼的吸收也有影响。

桃缺钾症（果实）

桃缺钾症（叶片）

桃缺镁症的防控措施

 1.病害症状

缺镁症一般在生长初期症状不明显，从果实膨大期才开始显症并逐渐加重，尤其是坐果量过多的植株，果实尚未成熟便出现大量黄叶。缺镁对果粒大小和产量的影响不明显，但浆果着色差；成熟期推迟，糖分低，使果实品质明显降低。

 2.发生条件

土壤中置换性镁不足，其根源是有机肥质量差、数量少、肥源主要靠化学肥料，而造成土壤中镁元素供应不足。砂质及酸性土壤中镁元素较易流失，造成缺镁症。钾肥施用过多或大量施用硝酸钠及石灰的果园，或钾、氮、磷过多也会影响镁的吸收，常发生缺镁症，夏季大雨后，更

为显著。由于缺镁，常会引起缺锌及缺锰病。

 3.防治方法

①果树定植时要施足优质有机肥，对成年树应在冬前开沟增施优质有机肥料，加强土壤管理，缺镁严重的果园应适量减少速效钾肥的施用量。②根施：酸性土壤中可施石灰或碳酸镁。中性土壤中可施硫酸镁。严重缺镁果园可每亩施硫酸镁100千克。根施效果慢，但持效期长。③叶喷：在植株开始出现缺镁症状时（一般在6~7月份）叶面喷施2%~3%硫酸镁3~4次，可减轻病情。④也可施用氯化镁或硝酸镁，效果比施硫酸镁大，但要注意，避免产生药害。轻度缺镁时，采用叶喷效果快，严重时则以根施效果较好。

桃缺镁症（果实）

桃缺镁症（叶片）

桃缺铁症的防控措施

桃树缺铁症又叫黄叶病，多从新梢顶端的幼嫩叶片开始，初期叶肉先变黄，叶脉两侧仍为绿色，叶呈绿色网纹状，随病势发展，黄化程度逐渐加重，甚至全叶呈黄白色，叶缘枯焦，呈枯梢现象。病树所结果时的颜色仍然很好。

 1.病症原因

由于铁在植物体内不易流动，缺铁症从幼叶上开始出现，叶肉变黄、叶脉绿色，整个叶片呈绿色网络状失绿。随着病势的发展，整个叶片变白，出现锈褐色枯斑或叶缘焦枯而引起落叶，最后新梢顶端枯死。一般树冠外围、上部的新梢顶端叶片发病较重，往下老叶的病情依次减轻。

在盐碱土或钙质土的桃园最易发生缺铁症。

 2.发生条件

①盐碱重的土壤，可溶性的二价铁转化成不可溶的三价铁，不能被桃吸收利用，表现缺铁。施氮肥过多，修剪过重，树体内的锰、铅、钼、锌、钒的含量高，能减少铁的吸收。②以毛桃或栽培种实生苗作砧木的桃树，易发生黄叶病，以海棠作砧木一般较轻。

 3.防治方法

选用抗性强砧木；改土治碱：增施有机肥，增加土壤有机质含量，挖沟排水，增加土壤透水性，是防治黄叶病的根本措施。

桃缺铁症症状

桃缺铁症症状

桃缺锌症的防控措施

 1.病害症状

①枝干：病梢发芽较晚，以夏季涝灾后或雨量大时发生较多，新发病枝节间变短。②叶片：在嫩梢上部形成许多细小、簇生的叶片，从枝梢最基部的叶片向上发展，叶片变窄，并发生不同程度皱叶，叶脉与叶脉附近淡绿色，失绿部位呈黄绿色乃至淡黄色，叶片薄似透明，质地脆，部分叶缘向上卷。在这些褪绿部位有时出现红色或紫色污斑。缺锌严重的桃树近枝梢顶部节间呈莲座状叶，从下而上会出现落叶。③花：花形成减少，不易坐果。④果实：果实小，果形不整，在大枝顶端的果显得果形小而扁，成熟的桃果多破裂。品质低，产量低。

 2.发生规律

①栽培：高磷土壤或施磷肥过量、土壤pH值高、极酸性土壤与砂土土壤、土壤中缺铜和缺镁都会引起缺锌。修剪过重、负载过大或伤根过多可引起缺锌。②气候：光照越强，果树对锌的需要量越多，在同一株树上阳面叶片的缺锌症状比阴面更为明显。夏季雨水多，排水不及时，致使土壤中可供锌减少。

 3.防治方法

沙地、盐碱地及易缺锌的土壤要注意改良土壤，增施有机肥。在桃园中种植吸

桃缺锌症症状

桃缺锌症症状

收锌能力强的绿肥植物如紫花苜蓿等，可以吸收利用土壤中难溶的锌，桃树生长期再将苜蓿收获后覆盖于果园行间，提高桃园土壤中的有效锌含量。秋施基肥时每株结果树施400~1500克硫酸锌。发芽前10天左右，全树均匀喷4%~5%硫酸锌液，盛花期后3周左右，喷施0.3%~0.5%硫酸锌加0.3%尿素2~3次，间隔5~8天。

桃缺硼症的防控措施

桃树缺硼症是一种植物病症，土壤瘠薄、干燥或偏碱，以及土壤中含钙、钾、氮多时，桃树容易发生缺硼症。

 1.病害症状

枝干：新梢顶枯，并从枯死部位下方长出许多侧枝，呈丛枝状。枝干流胶，冬季易死亡，树皮粗糙，萌芽不正常，随后常变褐枯死。叶片：幼叶发病，老叶不表现病症。初期顶芽停长，幼叶黄绿，其叶尖、叶缘或叶基出现枯焦，后期病叶凸起、扭曲甚至坏死早落。新生小叶厚而脆，畸形，叶脉变红，叶片簇生。花：花期缺硼会引起授粉受精不良，从而引起大量落花，坐果率低。果实：有2种类型：一种是果面上病斑坏死后，木栓化变成干斑；另一种是果面上病斑呈水渍状，随后果肉褐变为海绵状。病重时有采前裂果现象。

 2.防控方法

避免过多施用石灰肥料和钾肥。缺硼时在萌芽前、花前或盛花期喷布0.1%~0.2%硼砂，也可在幼果期喷施，每隔半月喷1次，连续2~3次。硼肥也可与波尔多液或尿素（0.5%浓度）配合成混合液进行喷施，特别是砂壤土，硼素缺乏症容易表现，应该引起注意。

桃树缺硼症（果实）

桃树缺硼症（叶片）

桃防晚霜技术

北方果树中桃树开花较早，常遇晚霜危害，花蕾露红期受冻温度为-1.7℃，花期、幼果期的受冻温度为-1~-2℃，甘肃省果产区3~5月初常有数股寒流来袭，轻者减产，重者绝产，给桃农造成不同程度的损失。防范措施主要有。

桃树花期霜冻临界温度

发育时期	临界温度 ℃	发育时期	临界温度℃
未着色花蕾	-4.5	盛花期	-2.0
露花瓣初期	-3.0	落花期	-2.0
开花期	-2.3	落花后10日内	-2.0

 1.推迟花期

灌溉：萌芽后至开花前，灌水2~3次，通常可推迟花期2~3天，避开霜冻。树干涂白：早春用7%~10%的石灰液喷布树干，可减少对光热的吸收，树体温度随之降低，因此可推迟花期3~5天。

 2.提高树体自身抗冻性

喷布PBO:花前7~10天全树均匀喷布150倍~200倍的华叶牌PBO（强树喷150倍液，弱树喷200倍液），可有效减轻花期霜冻，保花保果。喷碧护：花期受冻前喷施，可有效预防霜冻。受冻后6~10小时内喷施，7~15天后可恢复生长。喷布次数，第一次，花蕾露红期每亩用3~4克，兑水60~80千克；第二次在70%~80%的花落之后，每亩用3~4克，兑水60~80千克；第三次，幼果迅速生长期，每亩4~6克，兑水80~120千克。喷M-JFN:该产品原产美国，具有防霜冻、增强树势、保花保果、拉长果型、增产提质的功效，在桃树展叶后，喷1200倍液~1500倍液。

 3.改善桃园花期小气候

吹风法:在辐射型霜冻期，土壤表面和树体温度最低，随高度增加，气温显著上

果树涂白

烟熏法

升。因此为了防霜冻，国内外都成功采用吹风机搅动空气法来进行，能防止强度达-6℃~-8℃的霜冻。吹风机装置运转高度为6~10米，吹风机的桨叶长度为4~5米，固定在该装置顶上，吹风机由内燃机或电动机驱动。这种装置能保护1~8公顷桃园。

烟熏法：在最低温度不低于-2℃时，利用烟熏法，能使土壤热量减少散失，同时，烟粒吸收湿气，使水汽凝结成液体而放出热量，提高气温，通常可提高1℃左右。加热法：加热空气来防霜是现代防霜较先进有效的方法。在果园内隔一定距离放一个加热器，一亩地大约放5~15个，可使果园气温上升4℃~5℃。这种加热法适用于大果园，果园太小往往效果不佳。

防雹灾技术

雹灾是北方桃产区常有的灾害性天气现象，5~9月份多有发生。近年雹灾有以下趋势：降雹期延长，范围加大，雹线改变，频率增加，强度加重等，给桃果生产造成难以挽回的损失。

 1. 预防措施

避开雹线建园：冰雹常打一条线，在雹线上，受灾频率高。大面积造林：改善大区生态条件，是减轻雹灾的根本性措施。

人工消雹：在一些果产区，已配备消雹火箭炮。在"黑云压城"即将降雹的关键时刻，发射防雹火箭炮，十分有效。

防雹网：防雹最有效的办法之一是建立防雹网。虽然一次性投资多一些，但较安全可靠。近年各地都有使用。

 2. 雹灾后的挽救措施

轻微冰雹：加强肥、水管理，地下根注M-JFN或蒙力28，兑水100倍~200倍，叶面追肥0.1%~0.2%的尿素或磷酸二氢钾等。喷布杀菌剂：如喷施70%甲基托布津可湿性粉剂600倍液~800倍液，以防治真菌病害。

较重或严重雹灾：及早剪除破皮或折断的枝条，摘除打破皮的果实，清扫地面的残枝、落叶，以减少发病条件。对严重

人工防雹

防雹网

破皮的枝条，可用桐油、松香合剂涂抹，其配方是：桐油1.2份、松香1份、酒精0.05份。制法是先将桐油倒入锅中煮沸，再加入松香后不断搅拌，开锅后10分钟，松香融化后再加入酒精搅匀，凉后装瓶备用。选择枝、干脱皮处，用小毛刷蘸取少许合剂，均匀涂抹即可。晚秋（9月下旬到10月上旬）摘心，去除嫩梢部分。冬剪推迟到芽萌动前进行。雹灾后及时喷杀菌剂减轻病害发生。喷布磷酸二氢钾或高钾型肥料等，以利于枝条成熟，减轻春季抽条现象发生。

防水涝技术

中国北方桃区，虽然总降雨量偏少，但分布不均，个别桃区6~8月份雨季来临，大雨成灾，低洼地排水不良，极易造成水涝，轻者导致早期落叶、树叶变黄、落果裂果，有时发生秋梢二次生长、二次开花，根系窒死，大根腐朽。果实熟前灌水，易造成裂果。秋季灌水，易引起贪青徒长，降低抗寒性。

 1.预防措施

选好园地：桃树是北方落叶果树中最怕涝的树种之一，园片要选在地势高燥、背风向阳地块，并注意做好水土保持和土壤改良工作。雨水偏多的地区，可采用梯田或深沟高畦栽培方式，以利于及时排出积水。易积水地段，要先修好排水设施，平原地区采用起垄栽培，在低土有不透水层的地方，应进行客土换沙。

 2.挽救措施

在桃园内每隔2~3行挖一条排水沟，及时排除根际积水。扶正歪倒的树，用枝棍固定。清除树盘的淤泥和压沙，对裸露的根系培土保护。果量大的树要疏除多余幼果，减轻负担，以利于恢复树势。加强叶面追肥，如喷磷酸二氢钾等。同时注意病虫害防治，保护好叶片，增强叶功能，10月中下旬用蒙力28+1倍水，涂抹枝干或喷布树干。

极早熟李新品种——大李特早红

优良新品种，是增产、增收的前提。李树定植后，一般3~4年结果，如果品种选择不当，将会造成很大影响。因此，品种的选择非常重要，一定要高度重视，慎之又慎。此外，熟期、花色、耐贮性搭配，也是品种选择需要考虑的因素。

1. 果实特点

国内选育品种，果实圆形，平均单果重70克，最大87克。成熟时果面红色，果粉中厚。果肉橙黄色，肉质松软，汁液中等，味浓甜，粘核，核小，可食率达到97.5%。可溶性固形物含量14.5%。可溶性总糖81.6克/千克，有机酸13.2克/千克，糖酸比6.18。果实硬度7.0千克/平方厘米。

2. 成熟期及贮藏性

果实发育期81天，在兰州安宁区7月上旬成熟。常温下贮藏7天，在0℃~5℃低温下可贮藏25天。为保护地促早栽培的优良品种，日光温室栽培5月上旬成熟。

3. 栽培要点

该品种树势较旺，抗寒性、丰产性好；生长后期注意控制水肥，以利于形成花芽，保证丰产稳产。利用山桃作为砧木，提高品种抗旱、抗寒性；按照授粉树：品种=1：5配置授粉树。授粉品种选择红宝石李、新引3号李等；加强疏花疏果、合理负载，减少大小年，实现连年丰产、稳产。

大李特早红

大李特早红

极早熟李新品种——贝拉多纳李

 1. 果实特点

国内选育品种，果实圆形，平均单果重72克，最大85克。成熟时果面红色，果粉中厚。果肉橙黄色，肉质松软，汁液中等，味浓甜，粘核，核小，可食率达到98.1%。可溶性固形物含量14.8%。可溶性总糖84.2克/千克，有机酸12.8克/千克，糖酸比6.58。果实硬度6.8千克/平方厘米。

 2. 成熟期及贮藏性

果实发育期82天，在兰州安宁区7月上旬成熟。常温下贮藏7天，在0℃~5℃低温下可贮藏25天。为保护地促早栽培的优良品种，日光温室栽培5月上旬成熟。

 3. 栽培要点

该品种树势较旺，抗寒性、丰产性好；生长后期注意控制水肥，以利于形成花芽，保证丰产稳产。利用山桃作为砧木，提高品种抗旱、抗寒性；按照授粉树：品种=1：5配置授粉树。授粉品种选择红宝石李、新引3号李等；加强疏花疏果、合理负载。

贝拉多纳李

贝拉多纳李

早熟李新品种——索瑞斯李

 1.果实特点

国外引进品种，果实圆形，平均单果重85克，最大92克。果粉厚。果肉橙黄色，肉质松软，汁液多，味浓甜，离核，核小，可食率达到98.6%。可溶性固形物含量14.5%。可溶性总糖89.0克/千克，有机酸12.0克/千克，糖酸比7.42。果实硬度6.9千克/平方厘米。果实发育期93天，在兰州7月中旬成熟。常温下贮藏7天，在0℃~5℃低温下贮藏31天。

 2.成熟期及贮藏性

果实发育期93天，在兰州安宁区7月中旬成熟。常温下贮藏7天，在0℃~5℃低温下贮藏25天。

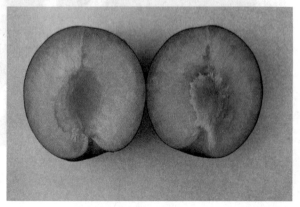

索瑞斯李果肉

 3.栽培要点

该品种树势中庸偏旺，丰产性中上；生长后期注意控制水肥，以利于形成花芽，保证丰产稳产。利用山桃作为砧木，提高品种抗旱、抗寒性；按照授粉树：品种=1：4配置授粉树。授粉品种选择红宝石李、大李特早红李等；合理进行疏花疏果、实现丰产、稳产。

索瑞斯李单果

索瑞斯李丰产

早中熟李新品种——红宝石李

红宝石李结果状

红宝石李果肉

 1. 果实特点

国内选育品种，果实扁圆形，平均单果重82克，最大90克。果粉中厚。果肉橙黄色，肉质松脆，汁液中等，味浓、酸甜，离核，核小，可食率达到98.0%。可溶性固形物含量16.5%。可溶性总糖

100.5克/千克，有机酸11.5克/千克，糖酸比8.74。果实硬度7.2千克/平方厘米。

 2. 成熟期及贮藏性

果实发育期116天，在兰州安宁区8月上中旬成熟。常温下贮藏9天，在0℃~5℃低温下可贮藏30天。

 3. 栽培要点

该品种树势中庸，抗寒性、丰产性好；生长后期注意控制水肥，以利于形成花芽，保证丰产稳产。利用山桃作为砧木，提高品种抗旱、抗寒性；按照授粉树：品种=1:5配置授粉树。授粉品种选择新引3号李、大李特早红李等；加强疏花疏果、合理负载。

红宝石李丰产

中熟李新品种——新引3号李

新引3号李

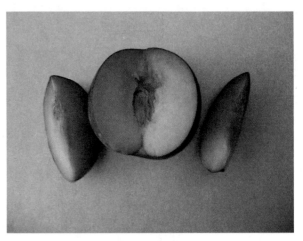

新引3号李果肉

 1.果实特点

国外引进品种，果实圆形，果梗细，缝合线浅，果面鲜红，外观美丽。平均单果重120克，最大153克。果实成熟时全面着红色，果粉厚。果肉黄色，肉质松脆，汁液多，味浓甜，离核，核小，可食率达到98.2%。可溶性固形物含量15.0%。可溶性总糖90.5克/千克，有机酸14.4克/千克，糖酸比6.29。果实硬度8.50千克/平方厘米。

 2.成熟期及贮藏性

果实发育期125天，为中晚熟品种，在兰州安宁区8月下旬成熟。常温下贮藏11天，在0℃~5℃低温下可贮藏30天。

 3.栽培要点

该品种树势中庸偏旺，抗寒性、丰产性好；生长后期注意控制水肥，以利于形成花芽，保证丰产稳产。利用山桃作为砧木，提高品种抗旱、抗寒性；按照授粉树：品种=1：5配置授粉树。授粉品种选择红宝石李、黑琥珀李等；严格进行疏花疏果、合理负载。

中晚熟李新品种——黑琥珀李

黑琥珀李

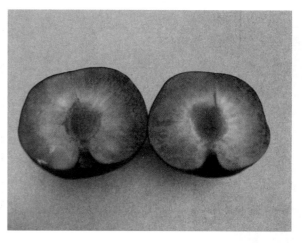

黑琥珀李果肉

 1.果实特点

国外引进品种，果实扁圆形，果顶平，梗洼浅广。平均单果重100克，最大120克。果实成熟时全面着紫黑色，果粉厚。果肉黄绿色，肉质硬脆，汁液中等，味甜，离核，核小，可食率达到98.0%。可溶性固形物含量18.5%。可溶性总糖102.6克/千克，有机酸13.0克/千克，糖酸比7.89。果实硬度10.2千克/平方厘米。

 2.成熟期及贮藏性

果实发育期132天，在兰州安宁区8

月底成熟。常温下贮藏14天，在0℃~5℃低温下可贮藏47天。

 3.栽培要点

该品种树势中庸，丰产性极好；生长后期注意控制水肥，以利于形成花芽、枝条充实，保证丰产稳产和安全越冬。利用山桃作为砧木，提高品种抗旱、抗寒性；按照授粉树：品种=1：5配置授粉树。授粉品种选择红宝石李、新引3号李等；严格进行疏花疏果、合理负载。

晚熟李新品种——女神李

女神李

女神李

 1.果实特点

国外引进品种，果实椭圆形，果顶平，梗洼浅狭。平均单果重102克，最大130克。果实成熟时全面着蓝紫色，果粉厚。果肉黄绿色，肉质松脆，汁液中等，味酸甜，离核，核较大，可食率达到96.2%。可溶性固形物含量21.0%。可溶性总糖136.0克/千克，有机酸13.1克/千克，糖酸比10.38。果实硬度8.0千克/平方厘米。

 2.成熟期及贮藏性

果实发育期145天，在兰州安宁区9

月中旬成熟。常温下贮藏10天，在0℃~5℃低温下可贮藏40天。适应性广，抗病虫，既可鲜食，又可加工。

 3.栽培要点

该品种树势强旺，抗病性强，丰产性极好；生长后期注意控制水肥，以利于形成花芽、枝条充实，保证丰产稳产和安全越冬。利用山桃作为砧木，提高品种抗旱、抗寒性；按照授粉树：品种=1：5配置授粉树。授粉品种选择红宝石李、新引3号李等；严格进行疏花疏果、合理负载。

极晚熟李新品种——安格诺李

1.果实特点

国外引进品种，果实圆形，平均单果重105克，最大120克；果顶微凹，梗洼浅、中广，有轮纹，果点大，呈纺锤或三角形。成熟时果面黑红色，果粉厚。果肉橙黄色，肉质硬脆，汁液中等，离核、核小，近核处有少量红色，可食率达到98.1%。可溶性固形物含量18.2%，可溶性总糖106.6克/千克，有机酸11.9克/千克，糖酸比8.96。果实硬度13.5千克/平方厘米。

2.成熟期及贮藏性

果实发育期170天，在兰州安宁区10月上旬成熟。常温下贮藏12天，在0℃~5℃低温下可贮藏60天。

3.栽培要点

该品种树势中庸，丰产性中等；生长后期注意控制水肥，以利于形成花芽、枝条充实，保证丰产稳产和安全越冬。利用山桃作为砧木，提高品种抗旱、抗寒性；按照授粉树：品种=1：4配置授粉树。授粉品种选择红宝石李、黑琥珀李等；注意保花保果，实现丰产稳产。

安格诺李

安格诺李丰产

李苗木嫁接繁育关键技术

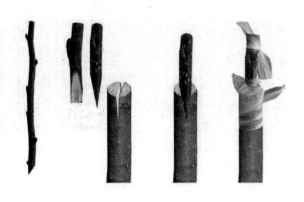

劈接技术

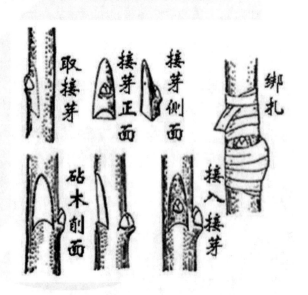

嵌芽接技术

针对不同地理气候条件，选择适宜的嫁接技术，掌握合适的嫁接时期，对提高李苗木嫁接成活率非常重要。因此，就李苗木嫁接，这里再重点强调几点。

1.嫁接时期

李苗适宜的嫁接时期为春季，大致为3月下旬至4月中旬，山桃萌动后开始嫁接。播种当年秋季，嫁接成活率较低。

2.嫁接方法

一般采用带木质芽接或劈接技术。对苗圃地，需要技术熟练的专人进行嫁接，才能获得理想的成活率。绑缚的塑料，要求柔软、韧性好，绑缚时松紧适中。对于

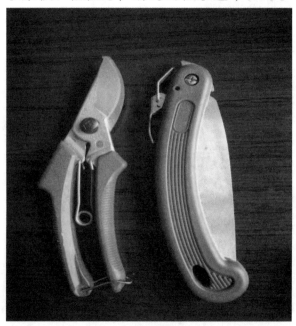

嫁接工具

嫁接后通风

劈接的芽段，一定要保护好顶部剪口。嫁接前，取出接穗，把底端剪掉，然后在清水中浸泡10~12小时，充分吸水后再进行嫁接。

 3.嫁接工具

嫁接所用的剪、刀，必须质量好，并保持锋利，做到削面平滑、无毛茬。

李子苗圃

 4.嫁接后管理的重点

（1）及时解绑

过早，嫁接口还未完全愈合，导致劈裂；过晚，塑料会勒断新枝。因此，嫁接后40~60天，当苗木长到40~50厘米时，嫁接口完全愈合，有轻微的勒痕时，在嫁接口对面轻划一刀，划破塑料即可。

（2）对萌发的侧芽，及时剪除，可以避免被大风吹折。

李科学建园关键技术

科学建园对保持园貌整齐，便于生产管理，获得预期收益等，都非常重要。品种选择、授粉树配置、栽植密度、栽植方法等都是科学建园的关键技术。

1. 品种选择

面积较小，有精细管理条件，以自销为主，特别是旅游观光式李园，应选择大果、味浓、色艳的早、中熟鲜食品种；面积较大的商品基地李园，则以鲜食、加工兼用李品种为主，早、中、晚熟品种搭配，花色搭配。

2. 授粉树配置

一些李品种自花结实率较低，要获得丰产、稳产，必须配置授粉树。一般情况下，主栽品种和授粉树的比例为5：1。多数李品种可相互作为优良授粉品种。

3. 栽植密度

李株行距多为3米×4米，每亩栽植56株；生产中，根据地块大小，适当增减株行距，以实现土地利用最大化。

定植后覆膜

4. 栽植时期及方法

（1）栽植时期

秋栽在落叶后至土壤封冻前进行，春栽在土壤解冻后至苗木发芽前进行，一般为3月下旬至4月上旬。

（2）栽植方法

苗木定植前在清水中浸泡12小时左右。对原来是果树的新建园，挖宽50厘米、深60厘米的定植穴，表土和底土分放。每穴施充分腐熟的优质农家肥或有机肥25千克和0.75千克过磷酸钙，与表土混匀后回填，灌水沉实后栽植；对于原来是农作物的新建园，采用小穴浅栽法，挖深30厘米、宽30厘米的小穴，混5~6千克优质腐熟农家肥栽植即可。栽植深度以嫁接口略高于地面为宜。

（3）栽后管理

栽植后及时灌透水，并在树盘下覆1平方米见方地膜。及时定干，一般定干高度为80厘米。对剪口用塑料薄膜或接蜡保护，防止剪口下枝条抽干。

 ## 5.高接换优技术

对于一些品种不良、缺乏授粉树的低产李园及低产桃、杏园，可采用多头高接的办法，换成优良新品种或授粉品种。高接换优后，一般第二年有一定产量，第三年可以获得收益。

（1）高接时间及方法

一般在春季进行，采用劈接或皮下接。高接时，对所有接口必需绑严，接穗顶端，也要用塑料薄膜或接蜡封严。

（2）高接工具选择

高接刀、锯要求质量好、锋利，对于直径大于5厘米的大枝，可用质量好的菜刀开口，并用小榔头敲击助力。

（3）高接后管理

高接1个月后，根据枝条长势情况，及时进行解绑，防止新生枝条勒断。多风的地方，采用木棍、竹竿等绑扶。对砧桩上的萌蘗芽及时抹除。同时，加强水肥管理和树体保护，树干和大枝涂白，防止日烧。

高接开心形

李促早栽培关键技术

 1. 栽植密度

南北行向，株行距为2米×3米或根据温室大小，适当增减株行距，主栽品种：授粉树=4：1。

 2. 树形培养

采用纺锤形整形。利用优质嫁接一年生苗建园，苗高1.5米以上，定植后在1.2米处定干。萌芽后选方向适宜的留作主干，其他芽疏除或根据需要留作临时辅养枝。新稍长到30~40厘米，进行摘心或轻短截。对摘心后萌发的二次枝、竞争枝进行扭稍。对直立的主、侧枝，旺长枝及方向不正的枝条，于夏秋季进行拉枝。最后，每株树形成15个左右的主枝，在主干上螺旋着生。主枝角度近水平，下部主枝较长，上部主枝依次递减。

 3. 肥水管理

在施足基肥的基础上，坐果后每15~20天追施速效肥并灌水1次，采用放射状施肥。肥料种类为果树复合肥或尿素+硫酸钾，施肥量前期为0.1千克/株，后期为0.2千克/株。

叶面喷肥隔10~15天1次，前期喷

日光温室

0.3%~0.5%尿素。果实转色期喷0.3%磷酸二氢钾。

 4.植物生长调节剂的施用

8月份，叶面喷多效唑，每隔10天喷一次，共喷3次，浓度依次为300毫克/千克、200毫克/千克、150毫克/千克。

 5.温室管理

12月上中旬，采用"白天盖、晚上揭草帘"的方法，人工打破休眠。12月下旬扣棚升温。开花期采用蜜蜂或人工授粉，白天温度控制在16℃~18℃，夜间温度不低于6℃，空气相对湿度控制在60%左右；果实第一次迅速生长期，白天温度控制在20℃~25℃，夜间温度8℃~12℃；其他物候期对温度要求相对不严格，白天最高温度25℃~32℃，夜间温度控制在10℃~15℃，空气相对湿度一般控制在60%以下。

李晚霜冻害预防技术

李花期较杏晚一些，一般年份不会发生晚霜冻害。但特殊年份，会发生花、幼果受冻，造成减产或绝收。因此，除选择平原地、山地南坡中部建园外，生产中预防晚霜冻害的方法主要有熏烟法、推迟花期法、喷水法等。

 1.熏烟法

这是一种传统、简单预防晚霜冻害的方法。首先，在果园多处备好烟堆，烟堆多以秸秆、落叶和杂草堆成，外撒泥土使之不发生明火，也可按照硝铵3份，柴油1份，锯末6份的比例配成烟雾剂。其次，要注意收听霜冻预报，并在果园处悬挂温度计，花蕾期温度低于-1.5℃、花期低于-1.0℃、幼果期低于0℃时，进行点火放烟。

 2.推迟花期法

花芽膨大期浇透水，花芽露白时喷石灰浆（生石灰：水=1：5），均有推迟花期、躲避晚霜的效果。

 3.喷水法

有条件的李园，在晚霜冻害来临前，重点在李花上喷水，也是预防晚霜冻害的一种有效方法。

李疏花疏果技术

多数李品种丰产性极好，正常年份，需要严格进行疏花疏果，才能获得商品经济性状好的果品，也不会造成树枝劈裂。疏花疏果在生产中一定要高度重视。

 1. 疏花疏果的时间

在没有晚霜危害的地区，先疏花，后疏果。有晚霜危害的地区，不疏花，只疏果。一般在大蕾期进行疏花，疏除小花、并生花等；疏果一般在农历"四月八"之后，确定当地晚霜冻害已过，果实直径0.8~1.0厘米（小指头弹大小）时进行疏果。

 2. 疏果的方法

以人工疏果为主，对于单果重大于80克的大果型品种，每15~20厘米留一果；对于单果重50~80克的中果型品种，每10~15厘米留一果；对于单果重小于50克的小果型品种，每7~8厘米留一果。

多数李坐果量很大，疏果一定要狠、准，绝不能惜果而影响商品经济性状或造成大小年现象。

疏果时期

结果太多，树枝劈裂

旱地李园抗旱栽培技术

对于年降雨量大于400毫米，且4~7月份降雨较多的地区，不必采用抗旱栽培，可以获得理想的产量。

 1. 垄膜保墒集雨

初春土壤解冻，冬剪完成后进行。树下做高20厘米（树干距地面高度）、宽1~1.2米的两面坡斜垄，做到坡面平整；选择宽1.2~1.4米、厚0.01毫米的黑色地膜覆盖或黑色园艺地布，地膜顶部要求合拢压严。在坡底做宽30厘米、深40厘米的小沟，沟底填入30厘米厚的麦草或者每棵树200克保水剂，然后覆土，留深度为20厘米的小沟。

 2. 全园覆草

草源充足的李园，采用小麦秸秆、玉米秸秆等，进行全园覆盖。覆草厚度一般10~15厘米，上面压少量土，3~4年后翻耕1次，重新覆盖。覆草后，需要注意防火。

覆草

 3. 穴贮水肥

在树冠投影下方，一圈等距离挖宽60厘米、深40厘米的4个穴，各放进一捆草，草周围填进充分腐熟的农家肥，然后用塑料薄膜覆盖。在塑料薄膜上打一个孔，用以浇水和施肥。也可在穴周围做成"锅底"形，用来集雨。

 4. 树盘覆砂

有条件的李园，在树盘周围覆盖厚10~15厘米的砂子，面积1~2个平方米。每隔2~3年加压1次，具有保墒、保温、压盐碱的作用，同时兼有防虫、促进果实成熟和改良土壤的作用。

李园合理间作技术

幼树结果前3~4年及挂果后1~2年，为了提高收益，可以进行间作。

1.间作的原则

不影响树体生长，收益最大化。

2.间作物种类

矮秆、浅根性的豆科作物及瓜菜类，如：黄豆、扁豆、豌豆、西瓜、葱、白菜等。同时，要求间作物需水量相对较少。不能间作小麦、玉米、高粱等高秆作物。

3.间作的方法

距离树干左右各75厘米，留足树盘带1.5米。随着树龄逐年增加，间作的面积需要逐渐减少。

果园间作

果园套种

灌区李园施肥和灌水技术

 1. 灌水时期

正常年份灌4次水：萌芽前、坐果后、转色期和越冬前。干旱年份，增加1~2次。一般施肥后，都进行灌水。

 2. 基肥和追肥

秋季落叶前，最好在中秋节前后，盛果期李园施充分腐熟的优质农家肥50千克/株+磷肥2.5千克/株，坐果后追肥果树复合肥2.5千克/株+尿素1.5千克/株，转色期追施硫酸钾1.5千克/株。追肥也可以在花后一次性施入袋控缓释肥2~2.5千克/株。

 3. 施肥方法

采用环状或放射状沟（穴）施，1~4年生幼树施肥量酌减。秋施基肥（农家肥），一般采用环状沟施，在树冠投影向外挖深70厘米、宽30厘米的施肥沟，表土、底土分开堆放，农家肥和表土混匀后先回填，再填底土。化肥追施，一般采用放射状穴施，深度30厘米左右。

袋控缓释肥

放射状施肥

李叶面追肥技术

叶面追肥是补充树体养分的一项简单、快速的方法，一般配合打药进行。如树体某一养分特别缺乏，则需要专门补充。

 1.追肥的时间

叶面肥主要靠叶片吸收，因此树体叶片形成后开始追肥。

磷酸二氢钾

 2.追肥的方法

追肥一般配合打药进行，但肥料的种类要选择适宜，不能和农药发生化学反应，导致发生药害或肥、药效均降低。如酸性肥料不能混在碱性农药中，相反，碱性肥料不能混在酸性农药中。

 3.肥料选择

常用的叶面肥为尿素和磷酸二氢钾，尿素浓度一般为0.3%~0.5%，磷酸二氢钾浓度为0.3%。如果树体缺乏铁、锌等微量元素，则要选用专门微肥进行补充。

尿素

李主要整形技术

自然圆头形结果状

疏散分层形结果

1.自然圆头形

顺应李树自然生长习性稍加修正而成，没有明显的中心干，干高为50~60厘米，有5~6个错落着生的主枝。

2.疏散分层形

有一个明显的中心干，在其上分2~3层，着生8~9个主枝，干高50~60厘米，层间距80~100厘米。最上面一个主枝斜生，成小开心状。

3.自然开心形

树干较矮，常为40~50厘米，在较短的中心干上错落着生3~4个主枝，各主枝均匀分布在主干周围，上下彼此相距20~

30厘米，主枝开张角度较大，常在60°左右，最上面一个主枝斜生，中心干由此主枝处截除。

树形的选择根据品种特性，栽培密度等而定。稀植李园一般选择自然圆头形或开心形，密植李园以疏散分层形为主，并采用小树冠，提高果园通风适光适光性。

自然开心形结果状

幼树修剪技术

幼龄李树修剪的主要目的：建成合理的树体骨架，促进分枝，尽早形成树冠，增加结果部位，为早期丰产创造条件。

 1.修剪的原则

修剪量宜轻不宜重。多采用轻剪缓放的方法，修剪原则为：

粗枝少剪、细枝多剪，长枝多剪、短枝少剪。

 2.修剪的方法

主要方法：轻剪主枝、侧枝的延长枝。一般以剪去一年生枝的1/4~1/3。幼树除对位置不好的枝条疏除之外，一般不疏除枝条。

多采用拉枝、摘心等夏剪手段，促生结果枝和结果枝组。

拉枝后以不重叠、不交叉、不平行、不遮挡为原则，同时，形成上小下大、上稀下密、外稀内密的树体结构。摘心主要针对当年生枝，通过摘心，促发侧枝，形成结果枝组。

4年生新引3号李结果

盛果期、衰老期树修剪技术

 1.盛果期修剪的内容

各级延长枝的短截，结果枝的短截和疏间，结果枝组的回缩与更新。

 2.盛果期修剪的方法

一般延长枝剪截1/3~1/2，中果枝剪去1/3，短果枝剪去1/2，疏除部分花束状结果枝，回缩大中型结果枝组至两年生部位，抬高外围枝条的角度，对背上枝进行摘心培养成结果枝组，回缩交叉枝、重叠枝，清除病虫枝。

 3.盛果期修剪的程度

盛果期树修剪的程度以树冠的地面投影出现"花阴凉"为宜。采后修剪更有利于叶幕结构的改善，有效的调节营养分配，较少无谓的消耗，减轻冬剪的工作量。

冬剪较轻，造成花量较大时，可在花前进行复剪，剪去一些过密的花枝，使树体结果量为适宜，同时，减少疏果用工，降低生产成本。

修剪的目的在于更新复壮，恢复树势，延长经济寿命。

 4.衰老期修剪的内容及方法

骨干枝重回缩，短截更新枝和徒长枝，培养结果枝组，恢复树冠。主枝、侧枝回缩的程度掌握"粗枝长留、细枝短留"的原则，一般锯去原长度的1/3~1/2。锯口要落在一个生长健壮的"跟枝"前3~5厘米处。同时，对"跟枝"也进行短截。

 5.衰老期修剪后的管理

注意做好剪锯口的保护和更新枝的选留。在更新修剪的前一年秋冬，李园要浇足封冻水并施足基肥。更新修剪后立即进行树干和主枝的涂白，防止日烧和流胶。对更新枝进行支扶，防止被大风吹折。

老李子树

李树穿孔病综合防控技术

 1. 病原及发病规律

细菌性穿孔病病菌在枝条病组织内越冬，翌春随着气温回升，潜伏的细菌开始活动，当病部表皮破裂后，病菌从病组织中溢出，借助风雨或昆虫传播，经叶片的气孔、枝条及果实的皮孔侵入。叶片一般于5月发病。夏季干旱时，病势进展缓慢，至秋雨季节又发生后期侵染。

穿孔病叶片背面危害

霉斑穿孔病是由真菌引起，病菌以菌丝和分生孢子器和被害枝梢或芽内越冬。第2年春季病菌借助风雨传播，先侵染幼叶，产生新的孢子后再侵染枝梢和果实。病菌浅育期因温度高低而不同。日均温度在19℃时为5天，日均温度在1℃时为34天。温度适宜且多雨的条件，适于此病的发生。

褐斑穿孔病主要以菌丝体在病叶中越冬。菌丝体也可以在枝梢组织内越冬，翌年春季随着气温的回升和降雨形成孢子，借助风雨传播，侵染叶片、新枝和果实。

 2. 防治方法

增施有机肥，合理修剪使李园通风透光，合理负载，以增强树势，提高树体抗病力；清除越冬病叶、病枝集中烧毁；发芽前喷5波美度石硫合剂或1：1：100波尔多液，发芽后喷72%农用链霉素可溶性粉剂3000倍液、65%代森锌粉剂500倍液或硫酸锌石灰液（硫酸锌：消石灰：水=1：4：240）进行防治。

李实蜂综合防控技术

1.危害症状及识别

又名李叶蜂，幼虫蛀食花叶、花托和幼果，常将果肉、果核食空，将虫粪堆积在果内，造成大量落果。

成虫：体长4~6毫米，黑色，口器为褐色，触角丝状，9节，第1节黑色，2~9节雌蜂为暗褐色，雄蜂为深黄色，中胸背面有"义"字沟纹；翅透明，棕灰色。雌蜂翅前缘及翅脉为黑色，具有锯状产卵器，前、中胸足暗棕色；雄蜂前、中足为黄色。

卵长：0.8毫米，椭圆形、乳白色。

幼虫：体长约10毫米，黄白色，腹足7对。

蛹：为裸蛹，长约6毫米，黄白色，羽化前变黑色。

2.发生规律

以老熟幼虫在土壤中结茧越夏、越冬，可长达10个月之久。李萌芽时化蛹，开花时成虫羽化出土。成虫习惯于白天飞于花间，取食花蕊，并产卵于花托和花萼表皮上。每处产卵1枚。幼虫孵化后钻入花内为害，幼虫无转果习性，约30天老熟脱果，落地后入土于7厘米深处结茧越夏，并越冬。凡开花较早或较晚的李树，可避开成虫产卵期，受害则轻。

3.防治方法

在成虫羽化出土前，深翻树盘，将虫茧埋入深层，使成虫不能出土；在成虫产卵前喷洒50%敌敌畏乳油或50%杀螟松乳油1000倍液，毒杀成虫；在幼虫入土前或次早成虫羽化出土前，在李树冠下洒2.5%敌百虫粉剂，每株结果树撒药0.25千克，幼树酌减。也可喷50%辛硫磷乳油500倍液~1000倍液。

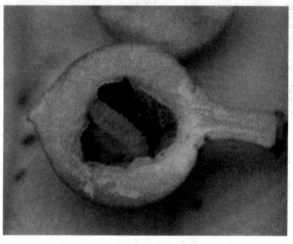

李实蜂为害

李红点病综合防控技术

 1. 危害症状

李红点病仅危害叶片和果实，叶片染病先产生橙黄色、稍隆起、边缘有清晰近圆形的斑环，以后病斑扩大，颜色加深，病部叶肉也加厚，其上产生许多深红色小粒点，即病菌的分生孢子器。至秋末病叶转为红黑色，正面凹陷，背面凸起，使叶片卷曲，并出现黑色小粒点，即病菌埋在

李红点病

子座中的小囊壳。发病严重时，叶片上密布病斑，叶色变黄，造成早期落叶。

 2. 发生规律

子囊壳在叶片枯死后才能完全成熟，病菌以子囊壳在病叶上越冬。翌年李子开花末期，子囊壳破裂，散发出大量的子囊孢子。子囊孢子借风、雨传播。此病从展叶期至9月都能发生，尤其在雨水较多年份发病更重。

 3. 防治方法

在李树开花末期及叶芽萌发时，喷布倍量式波尔多液（硫酸铜：生石灰：水=1：2：200）；5月下旬至6月上旬，每隔10天喷1次65%代森锌400倍液~500倍液；清扫果园，秋季深翻是最好的防治措施。落叶后，彻底清扫果园，将落叶和病果扫在一起，深埋或烧掉。

李小食心虫综合防控技术

1.分布与危害

　　以幼虫蛀果为害，蛀果前常在果面上吐丝结网，栖于网下开始蛀果为害，不久在入果孔处流出泪珠状果胶。幼果无一定入果部位，入果后常串到果柄附近咬坏疏导系统，果实因而不能正常发育，逐渐变为红紫色，导致提前脱落。

2.防治方法

　　李小食心虫的幼虫大部分在地面结茧化蛹，狠抓树下防治，再辅以树上及其他环节的防治措施，可以大大提高防治效果。

　　（1）树干培土

　　在越冬代成虫羽化出土前（大致在4月底）进行培土，在树干周围40~60厘米地面培以10厘米厚的土堆，并踩实，使羽化后的成虫闷死在土里。

　　（2）药剂防治

　　在越冬代成虫羽化前或第一代幼虫脱果前进行树冠下喷布25%对硫磷500倍液，喷后用耙子把土壤混匀，以保证杀虫效果；成虫发生期在树上喷布25%灭幼脲悬浮剂2000倍液进行防治；在李园内挂糖醋液（配制方法为：糖、醋、白酒、水分别为6份、3份、1份、10份）诱杀成虫。

朝鲜球坚蚧综合防控技术

 1.分布与危害

李球坚蚧又名朝鲜球坚蚧。虫口密度大，终生吸取寄主汁液。受害后，寄主生长不良，受害严重的寄主致死，因而能招致吉丁虫的危害。

 2.发生规律

朝鲜球坚蚧成虫雌体近球形，长4.5毫米、宽3.8毫米、高3.5毫米，初期介壳软黄褐色，后期硬化红褐至黑褐色，表面有极薄的蜡粉。每年发生1代，以2龄若虫在枝上越冬，外覆有蜡被，每年李花芽萌动前开始从蜡被里脱出另找固定点，而后雌雄分化。雄若虫每年李树花期开始分泌蜡茧化蛹，花后开始羽化交配，交配后雌虫迅速膨大。花后35天前后为产卵盛期，卵期7天左右；产卵后20天左右为孵化盛期。初孵若虫分散到枝、叶背为害，落叶前叶上的虫转回枝上，以叶痕和

蚧壳虫

缝隙处居多，此时若虫发育极慢，越冬前蜕1次皮，并以2龄若虫于蜡被下越冬。

3.防治方法

早春发芽前，全树喷5波美度石硫合剂或5%柴油乳剂，要求喷布均匀周到。若虫孵化期喷80%敌敌畏1500倍液~2000倍液，或0.2~0.3度石硫合剂；注意保护黑缘红瓢虫、异色瓢虫等天敌，尽量不喷或少喷广谱性杀虫剂。

梨眼天牛综合防控技术

 1. 危害与识别

以幼虫蛀食枝干，主要为害直径1~1.5厘米的2~3年嫩枝及幼龄果树，受害枝条木质部被穿成隧道，充满丝状虫粪，直接影响生长发育和结果；成虫栖息在叶背及嫩枝上，以叶柄叶缘和嫩枝皮部为食，产卵是取食枝条，用产卵器刻树皮造成伤害。

成虫体长8~11厘米，圆筒形，橙黄色，复眼，口器、触角为黑褐色，密被长毛。鞘翅黑蓝色，有金属光泽，体密被细长的竖毛。卵长椭圆形，长2~3毫米，宽1毫米，淡黄至鲜黄色。幼虫初为乳白色，后为淡黄色；老熟幼虫长2厘米左右，呈长圆筒形，背部略扁平。头小、褐色，口器黑褐色，足退化呈刺瘤状，胴部黄白至橙黄色，各节生有细毛。蛹长8~11毫米，黄褐色，羽化前鞘翅渐变为蓝黑色。

 2. 发生规律

在兰州两年发生1代，以幼虫在受害枝干内越冬。老熟幼虫4月下旬开始化蛹，

梨眼天牛

5月下旬至6月中旬为成虫羽化期，并随即开始产卵，卵期15天；6月下旬幼虫孵化和危害。10月后停止为害进入越冬场所，次年春继续为害，为害时间长达60多天。老熟幼虫在枝条髓部化蛹，成虫羽化后咬破树皮而出，白天潜伏于树干、叶背，不善飞行。雌虫产卵于表皮与木质部之间，初孵化幼虫先于韧皮部危害嫩皮，随着幼虫增长渐向木质部取食，蛀孔深达4~6厘米。

 3. 防治方法

成虫发生期白天捕杀成虫；在树干上

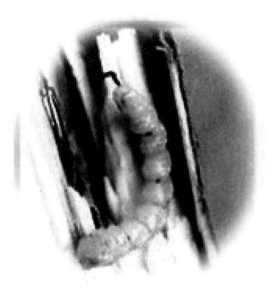

梨眼天牛幼虫

涂刷石灰硫黄混合涂白剂（生石灰10份，硫磺1份，水20份）防止成虫产卵；幼虫刚蛀入树干发现排粪孔可用铁丝刺杀幼虫，也可用80%敌敌畏乳油15倍液~20倍液蘸好棉球塞到排粪孔内熏杀幼虫，或用56%磷化铝片剂分成7~8小粒，每粒塞入一虫孔中用泥封口熏杀；在成虫产卵集中期，用25%可湿性西维因粉剂200倍液喷洒1.5米以下的树干，10天后再喷一次。

李枯叶娥综合防控技术

1.危害与识别

幼虫食嫩芽和叶片，食叶造成缺刻和孔洞，严重时将叶片吃光仅残留叶柄。

成虫：体长3~45毫米，翅展60~90毫米，雄较雌略小，全体赤褐色至茶褐色。头部色略淡，中央有1条黑色纵纹；复眼球形黑褐色；触角双栉状、带有蓝褐色，雄栉齿较长；下唇须发达前伸，蓝黑色。前翅外缘和后缘略呈锯齿状；前缘色较深；翅上有3条波状黑褐色带蓝色萤光的横线，相当于内线、外线、亚端线；近中室端有1黑褐色斑点；缘毛蓝褐色。后翅短宽、外缘呈锯齿状；前缘部分橙黄色；翅上有2条蓝褐色波状横线，翅展时略与前翅外线、亚端线相接；缘毛蓝褐色。雄腹部较细瘦。

幼虫：体长90~105毫米，稍扁平，暗褐到暗灰色，疏生长、短毛。头黑生有黄白色短毛。各体节背面有2个红褐色斑纹；中后胸背面各有1明显的黑蓝色横毛丛；第8腹节背面有1角状小突起，上生刚毛；各体节生有毛瘤，以体两侧的毛瘤较大，上丛生黄和黑色长、短毛。

蛹：长35~45毫米，初黄褐后变暗褐至黑褐色。

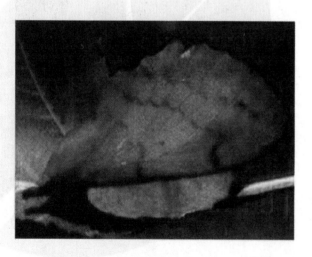

李枯叶娥

李枯叶蛾老熟幼虫

2.发生规律

以低龄幼虫伏在枝上和皮缝中越冬，翌春寄主发芽后出蛰食害嫩芽和叶片，常将叶片吃光仅残留叶柄；白天静伏枝上，夜晚活动为害；8月中旬~9月发生。成虫昼伏夜出，有趋光性，羽化后不久即可交配、产卵。卵多产于枝条上，常数粒不规则的产在一起，亦有散产者，偶有产在叶上者。幼虫孵人后食叶，发生1代者幼虫达2~3龄(体长20~30毫米)便伏于枝上或皮缝中越冬；发生2代者幼虫为害至老熟结茧化蛹，羽化，第2代幼虫达2~3龄便进入越冬状态。幼虫体扁、体色与树皮色相似故不易发现。

3.防治措施

结合整枝、修剪，剪除越冬幼虫；悬挂黑光灯，诱捕成蛾；幼虫危害期，可喷施50%杀螟松乳油1000倍液或5%吡虫啉乳油1500倍液进行防治。

李枯叶蛾卵

李枯叶蛾幼虫

李裂果的原因及预防技术

1. 裂果的病因

　　裂果的主要原因是一种由水分变化而引起的物理变化。该病的发生，除了与李的品种、土壤黏重度、生长势有关外，还与久旱遇雨或久旱灌大水、日光灼伤、机械性伤害、喷施农药或生长调节剂的应用时间不当等因素有关。李裂果发病条件是果实第二速长期开始裂缝，特别是着色期果实可溶性糖大量转化积累，使果实的果皮角质层抗压力减小，若遇阴雨、久旱突然降雨、久旱灌大水或喷药，果实就通过根系或果实吸收大量水分，使果实产生异常膨压，超过了果皮和果肉组织细胞壁所能承受的最大张力，最终导致裂果现象的发生。

2. 预防技术

　　选择抗裂品种；适时适量灌水，尤其是在李果实膨大期及果实着色期，通过地面覆盖等措施，更应保持土壤湿润适度，

裂果

要防止过干或过湿而造成裂果；喷施营养液，在幼果期至果实膨大期，连续喷布2~3次氨基酸钙800倍液或喷裂果必治500倍液~600倍液或喷钙硼双补500倍液，也可以减轻裂果。

杏苗木嫁接技术

 1.嫁接时期及方法

当年播种，第二年春季，大致3月下旬到4月中旬，山杏萌动后开始嫁接。采用带木质芽接或劈接技术。嫁接前，山杏地面以上留20厘米平茬，以方便嫁接。

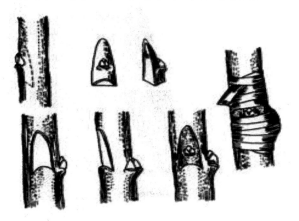

带木质芽接

 2.嫁接后管理

如果土壤墒情不好，嫁接前或嫁接后浅灌水一次。苗木长到20厘米左右时，开沟亩施尿素15千克，然后灌水。苗木长到40~50厘米时，发现嫁接口有塑料勒痕，用小刀在嫁接口对面轻轻将塑料划破。整个生长季，对萌发的侧枝，及时剪除，防止头重脚轻，被大风吹折。全年及时锄草，并重点加强蚜虫防治。

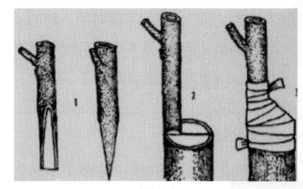

劈接技术

 3.起苗

根据建园需要，秋季落叶后或第二年春季萌芽前，均可起苗。起苗时，先在苗木一侧开一个小沟，深度达40厘米以上，然后逐行进行，确保达到优质苗木的根系质量要求。

嫁接后40天杏苗生长情况

杏苗木嫁接繁育关键技术

针对不同地理气候条件，选择适宜的嫁接技术，掌握合适的嫁接时期，对提高杏苗木嫁接成活率非常重要。因此，就杏苗木嫁接，这里再着重强调几点。

 1. 嫁接时期

杏苗适宜的嫁接时期为春季，大致为3月下旬到4中旬，山杏萌动后开始嫁接。播种当年秋季，嫁接成活率较低，一般不提倡秋季嫁接。

 2. 嫁接方法

一般采用带木质芽接或劈接技术。对苗圃地，需要技术熟练的专人进行嫁接，才能获得理想的成活率。绑缚的塑料，要求柔软、韧性好，绑缚时松紧适中。对于劈接的芽段，一定要用薄膜或接蜡保护好顶部剪口。嫁接前，取出接穗，把底端剪掉，然后在清水中浸泡10~12小时，充分吸水后再进行嫁接。

 3. 嫁接工具

嫁接所用的剪、刀，必需质量好，并保持锋利，做到削面平滑、无毛茬。

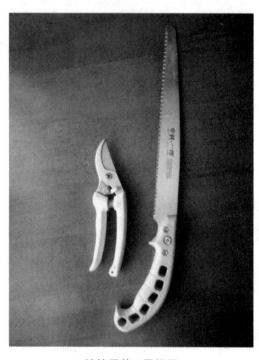

嫁接用剪刀及锯子

 4. 嫁接后管理的重点

（1）及时解绑

过早，嫁接口还未完全愈合，导致劈裂；过晚，塑料会勒断新枝。因此，嫁接后40~60天，当苗木长到40~50厘米时，嫁接口完全愈合，有轻微的勒痕时，在嫁接口对面轻划一刀，划破塑料即可。

（2）对萌发的侧芽，及时剪除，可以避免被大风吹折。

早熟杏品种

优良新品种，是增产、增收的前提。杏树定植后，一般3~4年结果，如果品种选择不当，将造成很大影响。因此，品种的选择非常重要，一定要高度重视，慎之又慎。此外，杏不耐贮运，品种熟期搭配也非常重要。

 1. 陇杏2号

甘肃省农科院林果花卉研究所选育。该品种主要特点：大果、早熟、丰产。果实发育期70天。树势中庸，树姿半开张。果实近圆形，果顶平，缝合线明显，两半对称。成熟时果实阳面着鲜红色晕，果肉橙黄色，酸甜适口，离核，甜仁。平均单果重86.9克，最大单果重107.5克。果实含维生素C 2.9毫克/100克，可滴定酸1.67克/100克，可溶性糖5.02克/100克，可溶性固形物含量12.2%。该品种在兰州安宁6月底成熟。

 2. 陇杏3号

甘肃省农科院林果花卉研究所选育。该品种主要特点：极早熟、风味浓。果实发育期65天，比陇杏2号早5天成熟。树势中庸，树姿半开张。果实近圆形，果顶平，缝合线明显，两半对称。成熟时果实阳面着鲜红色晕，果肉橙黄色，酸甜适

陇杏2号

陇杏3号

口，离核，甜仁。平均单果重60.4克，最大单果重81.6克。果实含维生素C 4.2毫克/100克，可滴定酸1.02克/100克，可溶性糖5.79克/100克，可溶性固形物含量12.4%。该品种在兰州安宁6月下旬成熟。

 ### 3.金太阳杏

美国引进品种。该品种主要特点：早熟、丰产。果实圆形，平均单果重66.9克，最大90克。果顶平，缝合线浅不明显，两侧对称；果面光亮，底色金黄色，阳面着红晕，外观美丽。果肉橙黄色，味甜偏酸，离核、苦仁。该品种可溶性固形物含量12%~13%，在兰州安宁6月底成熟。

金太阳

中熟杏品种

目前，栽培品种主要是中熟品种，且品种较多。其中，综合品质优良、商品性好、有一定影响力的品种有：曹杏、兰州大接杏、牛心杏、亚杏1号等。

11%~14.5%。离核，核圆形，仁甜，饱满。该品种优点及商品经济性状突出，是最有发展前景的中熟品种。该品种在兰州安宁7月中旬成熟。

 1.曹杏

甘肃省主栽品种。该品种主要特点：风味浓、品质优，既可鲜食，又宜加工成杏脯、杏干等。果实圆形或近圆形，平均单果重42.5克，最大单果重65克。果顶平，微凹；果实缝合线明显、中深、片肉对称；梗洼中深、广。果实底色橘黄，阳面鲜红晕。果肉橙黄色，肉质较细软，汁液中多，香味浓。果肉可溶性固形物含量

 2.兰州大接杏

甘肃省主栽品种。该品种主要特点：大果、风味浓、品质优。果实长卵圆形，平均单果重82.5克，最大单果重125克。果顶圆，果实缝合线明显、中深，片肉对

兰州大接杏

曹杏

称；梗洼深、广。果实底色橙色，彩色为鲜红色晕。果肉橙黄色，汁液中多，肉质柔软，纤维中多，风味浓而甜，有香味。果肉可溶性固形物含量13%~15%。离核，纺锤形，仁甜，饱满。该品种在兰州安宁7月中旬成熟，成熟前遇持续降雨有裂果现象，需要根据当地降雨情况选择发展。

3. 牛心杏

甘肃省主栽品种，该品种主要特点：大果、风味浓、品质优、外观美。果实近圆形，平均单果重65克，最大单果重112克。果顶略突呈圆形，形似牛心，故曰牛心杏；果实缝合线明显、中深，片肉对称；梗洼深、中宽、缓倾斜状。果实底色橙色，彩色为鲜红色晕。果肉橙黄色，汁液多，肉质柔软，味甜，有香味。果肉可溶性固形物含量12.5%~15.6%。离核或半离核，核倒卵圆形，仁甜，饱满。该品种在平凉灵台6月下旬成熟，耐贮运性较差，适宜城郊发展。

4. 亚杏1号

亚美尼亚引进品种。主要特点：果实卵圆形、丰产、品质优良。平均单果重36.5克，最大单果重46.2克。果实卵圆形，果实缝合线浅，片肉对称；梗洼浅、小。果实底色浅黄，有红霞色晕。果肉橙黄色，汁液多，肉质柔软，味甜，有香味。果肉可溶性固形物含量14%~15%。离核、核小，核卵圆形，仁甜，饱满。该品种在兰州榆中7月下旬至8月初成熟，适宜城郊观光农业发展。成熟时梗洼部有轻微裂果现象。

牛心杏

亚杏1号

中晚熟杏品种

甘肃省农科院林果花卉研究所选育。主要特点：大果、外观美、丰产。果实圆形，果顶平，外观美丽。平均单果重70.5克，最大果82.6克，果实纵径4.52厘米，横径4.50厘米，缝合线浅而不明显，两侧对称，整齐度高；梗洼圆形，中深；果面底色为黄色，阳面具红晕；果肉浅黄色，肉质细，纤维少，汁液多，酸甜适口，可溶性固形物含量14.5%，品质上等；离核，仁甜。在兰州榆中8月中旬成熟。

陇杏1号

陇杏1号

仁用杏品种

仁用杏以获取"杏仁"为最终目的，栽培管理相对粗放，成熟期受市场、天气影响小。此外，杏仁作为食药共用食品，近年来价格一直走高。

 1.白玉扁

北京引进种。果实侧扁圆形，平均单果重 20.5 克。果顶圆，缝合线浅、明显，片肉对称；梗洼窄、浅。果皮、果肉均为绿黄色，果肉汁少、酸涩，不能食用。成熟时果肉自行开裂，种核脱落。离核、卵圆形，干核平均重 2.8 克，出核率 20%。果仁甜、香，干仁均重 0.79 克，出仁率 30%。该品种适应性强，抗旱、抗寒、耐瘠薄，杏仁中大、质优。花期抗寒力稍强，是仁用杏良好的授粉品种。

 2.龙王帽

河北引进品种。果实卵圆形，平均单果重 17.4 克。果顶圆，缝合线浅、明显，片肉对称；梗洼窄、浅。果皮、果肉均为绿黄色，果肉汁少、酸涩，不能食用。成熟时果肉自行开裂。离核、卵圆形，干核平均重 2.3 克，出核率 17.3%。果仁甜，略有苦味，干仁均重 0.84 克，出仁率 37.6%。该品种抗旱、较抗寒，适应性强，耐瘠薄，杏仁品质上，在国际上享有盛誉。

白玉扁结果状

龙王帽丰产

3. 油仁

河北引进品种，果实扁卵圆形，平均单果重13.7克。果顶圆凸，缝合线中深、明显，片肉对称；梗洼窄、浅。果皮、果肉均为绿黄色，果肉汁液极少、酸涩，不能食用。成熟时果肉自行开裂。离核，核卵圆形，干核平均重2.1克，出核率15.1%。仁甜，饱满，干仁平均重0.9克，出仁率38.3%。该品种抗旱、抗寒、抗病虫能力强。杏仁脂肪含量高，是加工杏仁油的良好原料。

白玉扁及龙王帽杏仁

油仁结果状

油仁杏核、仁

杏园址选择的原则

园址选择的正确与否关系到经营的成败。因此，园址选择非常重要，主要原则如下：

 1.避开晚霜频发的地方建园

杏花期最早，极易受晚霜冻害，因此在建园前，要调查当地杏花期晚霜发生的频率和强度，如果10年中有5年以上严重晚霜冻害，则不宜建园。农谚云："雪打高山霜打洼地"，故在山区宜选择背风、向阳的山坡中部建园，不可在谷底和山顶建园。就坡向而言，应尽量选择日照充足、平流霜冻少的南坡地建园。

 2.避开涝洼的地方建园

不在容易积水、排水不畅和土壤黏重潮湿，通气不良的地方建园。

 3.避开核果类重茬的地方建园

种植过杏、桃、李、樱桃等核果类果树的地方，土壤中残留大量的有毒物质，不宜在这种地方再建杏园。需要3~5年，经过种植豆类、瓜菜、小麦等大田作物后，方可再建园。

 4.根据经营的类型选择园址

以优质鲜食大杏供应当地市场的，尤其是为配合城市居民假日休闲旅游的，应建立在交通便利的城郊。而加工用杏、仁用杏则建在远郊区和山区。

同时，建园要远离工业区，防止对果实造成污染。

杏科学建园关键技术

科学建园，对保持园貌整齐，便于生产管理，获得预期收益等，都非常重要。品种选择、授粉树配置、栽植密度、栽植方法等都是科学建园的关键技术。

 1.品种选择

面积较小，有精细管理条件，以自销为主，特别是旅游观光式杏园，应选择大果、味浓、色艳的早、中熟鲜食品种；面积较大的商品基地杏园，则以鲜食、加工兼用和仁用杏品种为主，早、中、晚熟品种搭配。

 2.授粉树配置

多数杏品种自花不实或结实率很低，要获得丰产、稳产，必需配置授粉树。一般情况下，主栽品种和授粉树的比例为5∶1。白玉扁是多数仁用杏的优良授粉品种，串枝红杏、张公园杏是多数鲜食杏的优良授粉品种。

 3.栽植密度

鲜食杏株行距多为3米×4米，每亩

栽植56株；仁用杏适当密一些，株行距多为2.5米×3.5米，每亩栽植77株。生产中，根据地块大小，适当增减株行距，以实现土地利用最大化。

 4.栽植时期及方法

（1）栽植时期

秋栽在落叶后至土壤封冻前进行，春栽在土壤解冻后至苗木发芽前进行，一般为3月下旬至4月上旬。

（2）栽植方法

苗木定植前在清水中浸泡12小时左右。对原来是果树的新建园，挖宽50厘米、深60厘米的定植穴，表土和底土分放。每穴施充分腐熟的优质农家肥或有机肥25千克和0.75千克过磷酸钙，与表土混匀后回填，灌水沉实后栽植；对于原来是农作物的新建园，采用小穴浅栽法，挖深、宽30厘米的小穴，混5~6千克优质腐熟农家肥栽植即可。栽植深度以嫁接口略高于地面为宜。

（3）栽后管理

栽植后及时灌透水，地面"花白"

时，耙平树盘并覆1平方米见方地膜。及时定干，一般定干高度为70~80厘米，对剪口用薄膜或接蜡保护。

春季干旱，风大的地方，对树干套塑料袋保护。萌芽后，选择阴天，逐渐解袋。

杏科学建园

杏园高接换优技术

对于一些品种不良或缺乏授粉树的低产杏园，可采用分枝高接的办法，换成优良新品种或授粉品种。高接换优后，一般第二年有一定产量，第三年可以获得较高收益。

 1.高接时间及方法

一般在春季进行，采用劈接或皮下接。高接时，对所有接口必需绑严，接穗朝上的一端，也要用塑料薄膜或接蜡封严。

 2.高接工具选择

高接刀、锯要求质量好、锋利，对于

直径大于5厘米的大枝，可用质量好的菜刀开口，并用小榔头敲击助力。

 3.高接后管理

高接1个月后，根据枝条长势情况，及时进行解绑，防止新生枝条勒断。多风的地方，采用木棍、竹竿等绑扶。对砧桩上的萌蘖芽及时抹除。同时，加强水肥管理和树体保护，树干和大枝涂白，防止日烧。

高接换优

高接换优

高接后成活发芽

高接防风绑扶

山杏平茬复壮技术

密植丛生山杏一般在结果5~6年后生长势明显减弱、产量降低、杏仁品质下降。采用平茬复壮技术，一则保持产量稳定，二则不破坏水土保持。

1. 平茬的时间及方法

一般在冬季对衰老山杏进行平茬，自根茎部齐地面将原有地上部砍去，使之在来年春季萌发新枝，更新复壮。一般采用隔带平茬法，待平茬带进入结果盛期后再平茬保留带。

2. 平茬后的管理

（1）抹芽

根据山杏密度，保留适宜的枝条，对多萌发的新芽，及时抹除。

（2）加强水肥管理

山地杏园，在雨季来临前，用锄头开沟，施入果树复合肥和尿素，每亩施肥量10~15千克。及时锄草，并防治蚜虫、杏疗病等病虫害，以迅速恢复树冠。

漫山遍野盛花的山杏

杏晚霜冻害预防技术

杏花期最早，杏花及幼果极易受晚霜冻害，往往造成减产或绝收。因此，除选择平原地、山地南坡中部建园外，生产中预防晚霜冻害的方法主要有熏烟法、推迟花期法、喷水法等。

 ## 1. 熏烟法

这是一种传统、简单预防晚霜冻害的方法。首先，在果园多处备好烟堆，烟堆多以秸秆、落叶和杂草堆成，外撒泥土使之不发生明火，也可按照硝铵3份，柴油1份，锯末6份的比例配成烟雾剂。每1.5千克装在一个牛皮纸袋封严即可。点燃时每袋可发烟15分钟，控制面积1.5亩左右。其次，要注意收听霜冻预报，并在果园处悬挂温度计，花蕾期温度-1.1℃~-3℃、花期-0.5℃~-1.5℃、幼果期低于0℃时，进行点火放烟。

 ## 2. 推迟花期法

花芽膨大期浇透水，花芽露白时喷石灰浆（生石灰：水=1：5），均有推迟花期、躲避晚霜的效果。

 ## 3. 喷水法

有条件的杏园，在晚霜冻害来临前，重点在杏花上喷水，在杏花上形成一种冰晶也是预防晚霜冻害的一种有效方法。

夏晚霜冻害的杏花

夏晚霜冻害的杏花

杏疏花疏果技术

正常年份，杏子需要疏花疏果，才能获得商品经济性状好的果品，也可以避免大小年现象，同时防止树枝被压折，在生产中一定要高度重视。

 1.疏花疏果的时间

在没有晚霜危害的地区，先疏花，后疏果。有晚霜危害的地区，不疏花，只疏果。一般在大蕾期进行疏花，疏除小花、并生花等；疏果一般在农历"四月八"之后，确定当地晚霜冻害已过，果实直径1~1.5厘米（手指头弹大小）时进行疏果。

 2.疏果的方法

以人工疏果为主，对于单果重大于80克大果型品种，每15~20厘米留一果；对于单果重50~80克的中果型品种，每10~15厘米留一果；对于单果重小于50克小果型品种，每7~8厘米留一果。

疏花时期

疏果时期

旱地杏园抗旱栽培技术

对于年降雨量大于400毫米，且4~7月份降雨较多的地区，不必采用抗旱栽培，便可获得理想的产量。

1. 垄膜保墒集雨

初春土壤解冻，冬剪完成后进行。树下做高20厘米（树干距地面高度）、宽1~1.2米的两面坡斜垄，做到坡面平整；选择宽1.2~1.4米、厚0.01毫米的黑色地膜覆盖或黑色园艺地布，地膜顶部要求合拢压严。在坡底做宽30厘米、深40厘米的小沟，沟底填入30厘米厚的麦草或者每棵树200克保水剂，然后覆土，留深度为20厘米的小沟。

2. 全园覆草

草源充足的杏园，采用小麦秸秆、玉米秸秆等，进行全园覆盖。覆草厚度一般为10~15厘米，上面压少量土，3~4年后翻耕一次，重新覆盖。覆草后，需要注意防火。

3. 穴贮水肥

在树冠投影下方，一圈等距离挖宽60

垄膜保墒集雨

全园覆草

厘米、深40厘米的4个穴，各放进一捆草，草周围填进充分腐熟的农家肥，然后用塑料薄膜覆盖。在塑料薄膜上打一个孔，用以浇水和施肥。也可在穴周围做成"锅底"形，用来集雨。

10~15厘米的砂子，面积1~2平方米。每隔2~3年加压一次，具有保墒、保温、压盐碱，同时兼有防虫、促进果实成熟和改良土壤的作用。

 4.树盘覆砂

有条件的杏园，在树盘周围覆盖厚

穴贮肥水

杏园生草关键技术

杏园生草分为：自然生草和人工种草。

 1.自然生草

保留果园中自然生长的杂草，15厘米左右时，用打草机刈割。一年多次进行刈割。目前，一般不提倡人工种草，因为一是增加成本，二是对于一些外来草种，未必适应当地土壤和气候条件，通常会因为竞争不过本地野草而逐渐衰退死亡。因此，提倡果园自然生草，对于植株高大的恶性草，如灰藜、反枝苋等，可以人工拔除。

 2.人工生草

（1）草种的选择

毛叶苕子、三叶草等。

（2）种草时间

毛叶苕子一般在秋季播种，当年涨至3~5厘米，能安全越冬即可。三叶草在春季4月份播种。

（3）播种方法

毛叶苕子采用条播法。三叶草采用撒播法，播种后地面覆盖无纺布，定期喷水保墒，一直到苗子出齐。

毛叶苕子

三叶草

杏园合理间作技术

幼树结果前3~4年及挂果后1~2年，为了提高收益，可以进行间作。

 1.间作的原则

不影响树体生长，收益最大化。

 2.间作物种类

矮秆、浅根性的豆科作物及瓜菜类，如：黄豆、扁豆、豌豆、西瓜、葱、白菜等。同时，要求间作物需水量相对较少。不能间作小麦、玉米、高粱等高秆作物。

 3.间作的方法

距离树干左右各75厘米，留足树盘带1.5米。

果园间作

灌区杏园施肥和灌水技术

1.灌水时期

正常年份4次水：萌芽前、坐果后、转色期和越冬前。干旱年份，增加1~2次。一般施肥后，都进行灌水。

2.基肥和追肥

杏园秋季落叶前，最好在中秋节前后，施充分腐熟的优质农家肥50千克/株+磷肥2.5千克/株，坐果后果树复合肥2.5千克/株+尿素1.5千克/株，转色期硫酸钾1.5千克/株。追肥也可以在花后一次性施入袋控缓释肥2~2.5千克/株。

3.施肥方法

采用环状或放射状沟（穴）施，1~4年生幼树施肥量酌减。秋施基肥（农家肥），一般采用环状沟施，在树冠投影向外挖深70厘米、宽30厘米的施肥沟，表土、底土分开堆放，农家肥和表土混匀后先回填，再填底土。化肥追施，一般采用放射状穴施，深度30厘米左右。

袋控缓释肥

放射状施肥

杏园简易滴灌及水肥一体化技术

简易滴灌投资小、见效快，是旱地杏园抗旱的一项主要技术，尤其在干旱年份，效果更为显著。同时，滴灌可以实现水肥一体化，具有速效、精准、省力等优点，与覆盖配合应用，效果更佳。

 1.简易滴灌安装

由专人或从事节水的公司进行安装。山地杏园一般在覆盖地膜或园艺地布之后，再安装简易滴灌。首先，在果园靠近路边的一端，安装主管，然后顺着行向，距离树干1米左右处，安装支管。

 2.水溶肥选择

水溶肥要求100%溶于水，含有氮、磷、钾等大量元素，并含有其他微量元素。水溶肥一般要求选择肥效、质量好的，如"凯泽拉"水溶肥。根据杏树需肥特点，首先把称量好的水溶肥在小桶中充分溶解，然后倒入大桶中。

 3.配套水桶

根据家里农用三轮车大小，购买一个1~1.5吨的塑料桶。根据水量，配好水溶肥，放置在路边高处，进行滴灌。

简易滴管所选主、支管要求质量好一些，至少能用5年。如果主、支管出现多处破损，要进行更换。

配套水桶

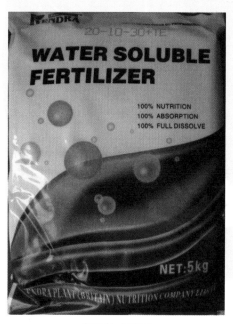

凯泽拉水溶肥

自压式简易滴灌系统示意图

水肥一体化示意图

杏叶面追肥技术

叶面追肥是补充树体养分的一项简单、快速的方法，一般配合打药进行。如果树体某一养分特别缺乏，则需要专门补充。

 ## 1.追肥的时间

叶面肥主要靠叶片吸收，因此树体叶片形成后开始追肥。

 ## 2.追肥的方法

追肥一般配合打药进行，但肥料的种类要科学选择，不能和农药发生化学反应，导致发生药害或肥、药效均降低。

 ## 3.肥料选择

常用的叶面肥为尿素和磷酸二氢钾，尿素浓度一般为0.3%~0.5%，磷酸二氢钾浓度为0.3%。如果树体缺乏铁、锌等微量元素，则要专门补充。

磷酸二氢钾

杏叶片缺素症表现

杏树叶是通过光合作用制造有机化合物的绿色工厂，叶片的动态变化反映着果树生长发育中供给的营养元素氮、磷、钾、钙、镁、硫、铁等的多少。缺素后，可以从叶片的变化中看出。

缺氮：叶小、薄、绿色淡。

缺磷：叶片出现紫或红色斑块，当叶缘有半月形坏死状，是严重缺磷的表现

缺钾：叶片尖部和叶缘常发生褐色枯斑，甚至叶片由边缘向内、向下卷曲枯焦。

缺钙：叶片较小，枝叶枯死，花朵萎缩，枝干流胶是严重缺钙的症状。

缺铁：叶片失绿而黄花，甚至叶脉也失绿，叶色较白并出现枯斑或焦边、枯死。

缺锌：叶片簇生，硬化变狭小，质脆，通常称为小叶病。

缺硼：叶片变色畸形，叶质变脆，出现有簇叶、枯梢。

叶片缺铁表现

杏主要整形技术

整形是为了得到一个合理的树体骨架，获得最高产量，并延长结果年限。常见树形有：自然圆头形、疏散分层形、自然开心形、多主枝丛状形。

 1.自然圆头形

顺应杏树自然生长习性稍加修正而成，没有明显的中心干，干高为50~60厘米，有5~6个错落着生的主枝。

 2.疏散分层形

有一个明显的中心干，在其上分2~3层，着生8~9个主枝，干高50~60厘米，层间距80~100厘米。最上面一个主枝斜生，成小开心状。

 3.自然开心形

树干较矮，常为40~50厘米，在较短的中心干上错落着生3~4个主枝，各主枝均匀分布在主干周围，上下彼此相距20~30厘米，主枝开张角度较大，常在60°左右，最上面一个主枝斜生，中心干由此主枝处截除。

 4.多主枝丛状形

常见于山杏栽培区，尤以直播山杏林采用。一般在一个栽植点上有3~4株，分别向不同方向倾斜生长，株丛高度常在1~1.5米。结果枝或结果枝组直接着生在主干上。

自然圆头形

疏散分层形　　　　　　　　　　　　　　自然开心形

仁用杏的修剪技术

仁用杏以生产杏仁为主要目的，树形以自然开心形为好；树高3~4米，干高30厘米，有2~3个主枝，每个主枝上留2~3个侧枝，侧枝上安排大小不同的结果枝组。在树势、地力较好的情况下，尽量多留结果枝，力求多结果。

仁用杏以短果枝结果为主。所以，修剪时必须使用能形成短果枝的修剪方法。一是，及时将1年生枝短截，使其当年萌发3~5个以上的芽，形成2~3个较强的发育枝和一些细弱的中短果枝；二是，第2年对该枝缓放，让它在当年形成一串短果枝，第3年这些短果枝就可以开花结果；三是，第4年适量回缩短果枝轴，促使其上部形成发育枝后再缓放，使下部短果枝继续结果。

仁用杏定植第3年后修剪要轻，以缓放的手段促其结果。中期、后期回缩更新，恢复生长和结果能力。而在结果后的20年后才进入衰老期，这时的修剪可回缩到多年生枝上，更新复壮，促其多结果。

仁用杏杏园

丰收的仁用杏

杏主要修剪技术

修剪是为了保持生长和结果的平衡，保持杏园通风透光性，提高果实商品经济性状。

 1.修剪时期及方法

（1）冬季修剪

落叶后到第二年萌芽前的修剪。修剪方法主要包括：短截、回缩等。同时，剪除病枝、叶。

（2）夏季修剪

萌芽后到落叶前的修剪。修剪方法主要包括：拉枝、摘心等。同时，摘除病叶、病果。

 2.修剪后的管理

修剪后，对修剪枝全部集中，并清运远离杏园。尤其是病枝、病叶、病果等，要及时清运、烧毁或深埋，不能造成二次侵染。

背上枝短截

结果枝回缩

杏各物候期修剪技术

1.幼树修剪技术

幼龄杏树修剪的主要目的：形成合理的树体骨架，促进分枝，尽早形成树冠，增加结果部位，为早期丰产创造条件。

（1）修剪的原则

修剪量宜轻不宜重。

粗枝少剪、细枝多剪，长枝多剪、短枝少剪。

（2）修剪的方法

主要方法：短截主枝、侧枝的延长枝。一般以剪去1年生枝的1/4~1/3。幼树除位置不好的枝条疏除之外，一般不疏除枝条。

多用拉枝、摘心等夏剪手段促生结果枝和结果枝组。

2.盛果期修剪技术

盛果期杏树修剪的主要目的在于调节生长和结果的关系，保持高产稳产，防止大小年发生。

（1）修剪的内容

各级延长枝的短截，结果枝的短截和疏间，结果枝组的回缩与更新。

（2）修剪的方法

一般延长枝剪截1/3~1/2，中果枝剪去1/3，短果枝剪去1/2，疏除部分花束状结果枝，回缩大中型结果枝组至两年生部位，抬高外围枝条的角度，对背上枝进行摘心培养成结果枝组，回缩交叉枝、重叠枝，清除病虫枝。

盛果期杏树

（3）修剪的程度

盛果期树修剪的程度以树冠的地面投影出现"花阴凉"为宜。采后修剪更有利于叶幕结构的改善，有效的调节营养分配，减少无谓的消耗，减轻冬剪的工作量。

3.衰老期修剪技术

修剪的目的在于更新复壮，恢复树势，延长经济寿命。

（1）修剪的内容及方法

骨干枝重回缩，短截更新枝和徒长枝，培养结果枝组，恢复树冠。主枝、侧枝回缩的程度按"粗枝长留、细枝短留"的原则，一般锯去原长度的1/3~1/2。锯口要落在一个生长健壮的"跟枝"前面3~5厘米处。同时，对"跟枝"也进行短截。

（2）修剪后的管理

注意做好剪锯口的保护和更新枝的选留。在更新修剪的前1年秋冬要浇足封冻水并施足基肥。更新修剪后立即进行树干和主枝的涂白，防止日烧和流胶。对更新枝进行支缚，防止被大风吹折。

老杏树

密闭杏园提升改造技术

杏园因长期疏于修剪或修剪量很轻，很容易造成杏园密闭。杏园密闭后通风透光性差、结果部位外移、病虫害发生严重，树冠下部及内膛枝衰弱或枯死，产量降低、品质下降、管理不便，对果农收益会造成很大影响。提升改造的目的在于增加杏园通风透光性，显著提高商品和优质果率，便于采摘打药等生产管理，保持杏园丰产稳产，延长盛果期年限，促进果农持续稳定增产增收。

1.改造的原则

改造一般需要2~3年完成，切忌一次性去掉多个大枝，造成树势衰弱、病害发生加重。改造修剪需要冬、夏剪相结合，不能只重视冬剪、轻视或忽视夏剪；冬剪后，注意大枝伤口保护，改造以通风透光、优质丰产、便于生产管理等为主要目的，要因树修剪，不拘泥于一种树形；修剪后的杏园需要加强土肥水管理，尽快恢复树势。

2.改造的技术

改造修剪关键技术：疏枝、落头、抹芽和摘心。其中"疏枝、落头"为冬剪的主要技术，也是密闭杏园改造的关键技术；"抹芽、摘心"为夏剪的主要技术，是配合冬剪的辅助技术，同时是改造后提高产量的关键技术。冬、夏剪配合进行，对实现密闭杏园提质增效作用显著。

改造前的密闭杏园

密闭杏园改造后

密闭杏园提升改造的疏枝技术

疏枝指冬剪时去除一些直立、长势强旺、方位不合理的竞争、并生、重叠等大枝。疏枝对解决密闭、改善通透性作用显著，但疏枝一般需要2~3年完成，切忌一次性去掉多个大枝，造成树势衰弱、病害发生加重。疏枝所用的剪锯要求锋利，伤口要求平、小、光滑，疏枝后对直径大于1厘米的伤口需要涂抹弗兰克人工树皮或果树康复剂等保护性杀菌剂，以利于伤口早日愈合，尽快恢复树势。

疏枝技术

大枝伤口要求

伤口保护

密闭杏园提升改造的落头技术

落头指冬剪时对于较高的大树，选择一个方位合理的小侧枝作为新头，将原头去掉的一项技术。落头对方便采摘、打药等生产管理，提高通透性，提高光能利用效率效果显著。落头和疏枝同样要求剪锯锋利，伤口平、小、光滑，注意劈裂。同时，对伤口进行及时保护。落头根据树势、树形，高度一般为2.5~3.0米。

落头技术

密闭杏园提升改造的抹芽技术

抹芽为夏剪技术，是配合冬剪的一项辅助技术。冬季修剪后，第二年春季剪锯口会萌发出很多嫩芽，对落头处的萌芽一次全部抹除。对其他大枝剪口的萌芽，当嫩芽长到 10 厘米左右时，根据空间合理选留 1~3 个嫩枝，将多余的嫩枝全部抹掉。抹芽通常需要 2~3 次才能彻底完成。抹芽宜早不宜迟，必须在枝条木质化前完成，不但节约大量养分，而且省工省时，同时对选留的枝条当年可培养形成结果枝。

抹芽技术

抹芽技术

密闭杏园提升改造的摘心技术

摘心为夏剪技术，是配合抹芽的一项辅助技术。抹芽后选留的嫩枝，长到30~40厘米时，进行第一次摘心。摘心后萌发的侧枝，根据空间大小，合理选留4~5枝。选留的侧枝长到20厘米时进行第二次摘心。通过连续2~3次摘心，可将当年萌发的枝条培养成大小不同的结果枝组。

摘心

杏疔病综合防控技术

 1.危害症状

主要危害新梢和叶片，受害枝梢往往不能结果，逐渐枯死。由于新梢逐年枯死，树冠不宜扩大，不但影响产量，而且影响树势。

新梢染病后，枝叶都发病，生长变慢，节间短而粗，枝条上叶片呈簇生状，表皮初期为暗红色，后期为黄绿色，上面生有黄褐色突起的小粒点。

杏疔病危害

叶片染病后，先从叶柄开始变黄，沿叶脉向叶片扩展，最后全叶变黄并增厚，质硬呈革质，比正常叶片厚4倍~5倍，病叶正、反面布满褐色小粒点。6、7月间病叶变成赤黄色，向下卷曲，遇雨或潮湿从性孢子器中涌出大量橘红色黏液，内含无数性孢子，干燥后黏附在叶片上。病叶的叶柄基部肿胀，两个托叶上也生有小红点和橘红色黏液，叶柄短而呈黄色，无黏液。病叶到后期逐渐干枯，变成黑褐色，质脆易碎、畸形，叶背面散生小黑点。病叶挂在枝上越冬，不宜脱落。

 2.发病规律

病菌以子囊壳在病叶中越冬。挂在树上的病叶是此病的主要初次侵染来源。春季，子囊孢子从子囊中放射出来，借助风力或气流传播到幼芽上，遇到事宜的条件，就会很快萌发侵入。随幼枝及新梢的生长，菌丝在组织内蔓延，5月间出现症状，到10月间叶片变黑，并在叶背上产生子囊壳越冬。

3. 防治方法

  此病发生期整齐，病菌无再次侵染，所以消灭越冬病菌是防治此病的重要措施之一。在冬季修剪时，剪除病枝、病叶，清除地面上的枯枝落叶，并立即烧毁。翌春症状出现时，应进行第二次清除病叶、病枝。如果不能全面清除病叶、病枝时，可以在杏树展叶期喷布1~2次1：1.5：200波尔多液。

杏疗病病叶越冬

杏树细菌性穿孔病综合防控技术

 1.危害症状

主要危害叶片，也能侵染果实和枝梢。叶片染病后在叶背产生淡褐色的水渍状小斑点，逐渐扩大为圆形至不规则形状、紫褐色或黑褐色病斑，病部周围具黄绿色晕圈，后期病斑干枯，边缘产生裂纹或脱落穿孔，当穿孔多时，病叶提前脱落。

果实染病后在果面上出现褐色小圆斑，稍凹陷，后扩大，呈暗紫色，天气潮湿时产生黄白色黏质分泌物；干燥时病斑上或其周围产生小裂纹，裂纹处易被其他病菌感染，引起果腐。

 2.发病规律

病叶细菌在枝条皮层组织内越冬，翌春随着气温回升和杏组织内糖分的增加，潜伏的细菌开始活动，形成春季溃疡病斑，成为主要初侵染源。杏树开花后，病菌从病组织中溢出，借风雨和昆虫传播，病菌经叶片的气孔和枝条及果实的芽痕或皮孔侵入。叶片一般于4月间发病，夏季干旱时病情进展缓慢，至秋季、雨季又发生后期侵染。病菌的潜伏期与气温高低和树势强弱有关。

 3.防治方法

增施有机肥，合理修剪使杏园通风透光，合理负载，以增强树势，提高树体抗病力；清除越冬病叶、病枝集中烧毁；发芽前喷5波美度石硫合剂，发芽后喷72%农用链霉素可溶性粉剂3000倍液或硫酸链霉素4000倍液。

杏细菌性穿孔病

果农对此病有一定认识，防控意识较强，但用药盲目性较大，不能做到"预防为主、综合防控"。果农往往在发病后，再进行化学防治，而且多用防治真菌的药品，如多菌灵，百菌清等防治性细菌性穿孔病，达不到防治该病的目的。

农用硫酸链霉素

杏芽瘿病综合防控技术

 1.危害症状

杏芽瘿病是杏树上发生的一种由梅下毛瘿螨引起的病害，受害树体枝干上长满瘿瘤，形成簇生枝，因大量消耗树体营养而使树势衰弱，枝条枯死，造成发芽迟、结果少，影响产量，严重者引起全树死亡。此病在老树和幼龄树上均有发生。

 2.发生规律

此病在主干和枝条上发生，危害症状及程度呈逐年扩大之势。瘿瘤处出现大量的簇生芽，消耗大量的养分。落叶后，簇生芽枯死，第二年重新萌发。

杏芽瘿使小枝枯死

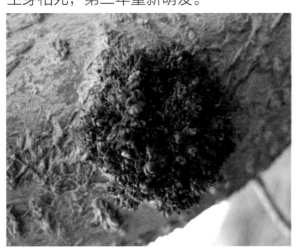

杏芽瘿危害形成簇生芽

 3.防治方法

（1）人工防治

春季萌芽前，人工刮除瘿瘤。对于直径大于1厘米的伤口，涂抹杀菌剂和杀虫剂，进行伤口保护。

（2）化学防治

防治瘿螨是防治此病的关键，有效药剂有阿维高氯、苯丁哒螨灵、炔螨特、20%哒螨·单甲醚悬浮剂等，在瘿瘤处喷雾防治。

杏芽瘿刮除

当年伤口愈合

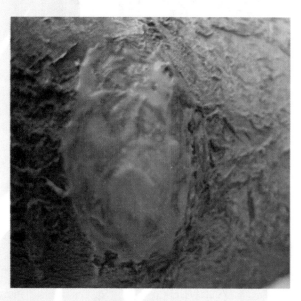

刮除后大伤口涂保护剂

杏芽瘿防治药剂

杏球坚蚧综合防控技术

1.分布与危害

杏球坚蚧又名朝鲜球坚蚧。虫口密度大，终生吸取寄主汁液。受害后，寄主生长不良，受害严重的寄主致死，因而能招致吉丁虫的危害。

2.发生规律

杏球坚蚧成虫雌体近球形，长4.5毫米、宽3.8毫米、高3.5毫米，初期介壳软黄褐色，后期硬化红褐至黑褐色，表面有极薄的蜡粉。每年发生1代，以2龄若虫在枝上越冬，外覆有蜡被，每年杏花芽萌动前开始从蜡被里脱出另找固定点，而后雌雄分化。雄若虫每年杏树花期开始分泌蜡茧化蛹，花后开始羽化交配，交配后雌虫迅速长大。花后35天前后为产卵盛期，卵期7天左右；产卵后20天左右为孵化盛期。初孵若虫分散到枝、叶背为害，落叶前叶上的虫转回枝上，以叶痕和缝隙处居多，此时若虫发育极慢，越冬前蜕1次皮，并以2龄若虫于蜡被下越冬。

3.防治方法

早春发芽前，全树喷5度石硫合剂或5%柴油乳剂，要求喷布均匀周到。若虫孵化期喷80%敌敌畏1500倍液~2000倍液或0.2度~0.3度石硫合剂；注意保护天敌，尽量不喷或少喷广谱性杀虫剂。

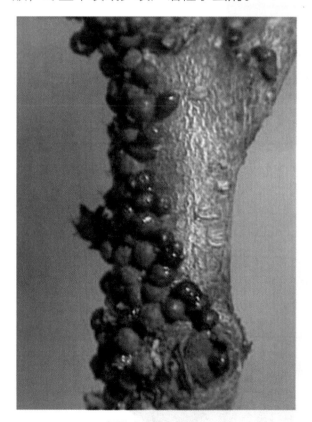

朝鲜球坚蚧危害树干

杏仁蜂综合防控技术

1.危害与识别

杏仁蜂寄主单纯，仅危害杏仁，造成大量落果，或者杏仁被食用一空，影响鲜杏和杏仁的产量。

成虫：头大黑色，复眼暗赤色。触角9节，第1节特长，第2节最短小，均为橙黄色，其他各节黑色。胸部及胸足的基节为黑色，其他各节为橙色。腹部橘红色，有光泽，产卵管深棕色。雌虫体长6毫米，展翅10毫米。雄虫较小，体长为5毫米，与雌虫形态不同处表现为在触角3~9节上，有环状排列的长毛，腹部为黑色。蛹长6.5~7毫米，初化蛹为奶油色，其后显出红色的复眼。雌虫腹部显出橘红色，雄虫则为黑色。

2.发生规律

杏仁蜂1年发生1代，以幼虫在果园地面落杏，园内所弃杏核以及在干枯于树上的杏核内越夏、越冬，在留种的杏核内越冬的也不少。越冬幼虫在3月中旬开始进行入蛹，延至4月中旬全部化蛹。蛹期约1个月。成虫于5月上旬开始羽化，羽化后在杏核停留一段时间，待体躯坚硬后，用强有力的上腭将杏核咬穿一个圆形羽化孔，约1.6~1.8毫米；成虫早晚不活动，栖息在树上，日间在树间飞翔交尾产卵，尤以中午最活跃。雌成虫选择幼嫩的杏果实产卵，部位均在上部靠近果柄的一

杏仁蜂危害杏核

杏仁蜂幼虫

杏星毛虫综合防控技术

 1.危害与识别

以幼虫主要取食芽、花、嫩叶为生，春天开始活动后，危害刚萌动的幼芽，严重的导致枯死。待发芽后，开始为害花和叶，食叶呈现缺刻和孔洞，甚者将叶片吃光。

成虫：体黑褐具蓝色光泽，翅半透明，布黑色鳞毛，翅脉、翅缘黑色，雄虫触角羽毛状，雌虫短锯齿状。卵椭圆形，扁平，中部稍凹陷，白至黄褐色。幼虫：体胖近纺锤形，背暗赤褐色，腹面紫红色。头小黑褐色，大部分缩于前胸内，取食或活动时伸出；腹部各节具横列毛瘤6个，中间4个大，毛瘤中间生很多褐色短毛，周生黄白长毛；前胸盾黑色，中央具1淡色纵纹，臀板黑褐色，臀栉黑色10余齿。蛹：椭圆形，淡黄至黑褐色。茧椭圆形，丝质稍薄淡黄色，外常附泥土、虫粪等。

 2.发生规律

各地1年发生1代，主要以初龄幼虫在老树裂缝、树皮缝、枝杈及枯枝叶下结茧越冬。树体萌动时开始出蛰，最初先蛀食幼芽，后危害花蕾、花及嫩叶，此间如遇寒流侵袭，则返回原越冬场所隐蔽。越冬代幼虫5月中下旬老熟，第1代幼虫于6月中旬始见，7月上旬结茧越冬。5月中旬老熟幼虫开始结茧化蛹，一般在树干周围的各种被物下、皮缝中。6月上旬成虫羽化交配产卵，多产在树冠中、下部老叶背面，块生，卵粒互不重叠，中间有空隙幼虫啃食叶片表皮或叶肉，被害叶呈纱网状斑痕，受惊扰吐丝下垂。

 3.防治措施

冬季和早春刮除老树皮消灭越冬幼虫；成虫羽化期，人工捕杀；利用幼虫白天下树的习性，在树干周围堆上圆形沙土，或喷洒25%对硫磷微胶囊剂50倍液~60倍液或树干基部捆绑塑料带阻止幼虫上树。

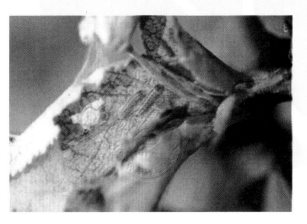

杏星毛虫

杏裂果的原因及预防技术

 1.裂果的病因

裂果的主要原因是一种由水分变化而引起的物理变化。该病的发生，除了与杏的品种、土壤黏重度、生长势有关外，还与久旱遇雨或久旱灌大水、日光灼伤、机械性伤害、喷施农药或生长调节剂的应用时间不当等因素有关。杏裂果发病条件是果实第二速长期开始裂缝，特别是着色期果实可溶性糖大量转化积累，使果实的果皮角质层抗压力减小，若遇阴雨、久旱突然降雨、久旱灌大水或喷药，果实就通过根系或果实吸收大量水分，使果实产生异常膨压，超过了果皮和果肉组织细胞壁所能承受的最大张力，最终导致裂果现象的发生。

 2.预防技术

选择抗裂品种；适时适量灌水，尤其是在杏果实膨大期及果实着色期，更应保持土壤湿润适度，要防止过干或过湿而造成裂果；喷施营养液：在幼果期至果实膨大期，连续喷布2~3次氨基酸钙800倍液或喷裂果必治500倍液~600倍液或喷钙硼双补500倍液。

杏裂果

仁用杏的采收

 1.采收及分级

仁用杏采收适当要晚，当果皮开裂后再采。摇晃树干，仁用杏掉落后，捡拾、去皮。甜杏仁，收购和销售不分品种，规定当年产干货，无尘土、虫蛀、霉烂，色泽正常，完整的成熟粒率在95%以上，破、瘪粒不超过4%，杂质、异仁不超过2%。品质要求杏仁颗粒完整均匀，色泽正常、干燥。

 2.包装

包装材料为干净的麻袋、布袋。当前，多用打孔硬塑料、打孔纸板箱，硬性食用塑料箱等进行包装，每件25千克，便于大宗出口运输管理，并可采用集装箱运往国外市场。

 3.运输

仁用杏对运输要求不严，但运输中要严格与有异味的物资分开，防止窜味。同时，防止苦仁和甜仁混淆。

仁用杏采收期